U0248081

微聊环保

新闻发言人
网上网下的故事

杜少中　著

中国人民大学出版社
· 北京 ·

在大多数环境问题上，都有两种截然不同的观点。有人说气候在变暖，有人说气候在变冷。有人说沙尘暴是个坏东西，有人说沙尘暴是个好东西。有人说环保就是要建水库、修马路，有人说环保就是要刨马路、炸水库。……归根到底，讲的是人顺乎自然，还是让自然为人改变。在两个极端中找到最佳临界点，各种探索也许是各种折腾，失败者众，成功者寡。环保是世界上最终、最大、最难的课题。

一切问题的讨论只能基于科学，否则无任何意义。

讲故事是传播的最高境界。

媒体人和发言人都是做传播的，传播就要会讲"故事"，但"故事"要经得住事实和时间的检验。传播不能因为怕挨骂就不敢说真话，更不能为赢得一时的掌声，就要编假话。大凡热得快的东西都冷得快，舆论冷静的过程，自然会沉淀出认真的判断。对污染不能淡定，对故事要适度淡定。

公众参与是环境保护的强大动力。

公开透明是解决各种问题的良药。

新媒体特别是微博，与传统媒体最大的不同在于，它能及时发声，可双向互动，可对各种文件做接地气的解读，也可主动传播并实现有效科普。对新闻发言人和公众来说，它是常设的发布厅、双向的发布会。对环保工作来说，它是广泛动员公众参与的好平台。

怎么看新媒体，还有很多视角，比如对大多数人来说，新媒体的意义在于分享。微信是在朋友圈中分享，微博是在更大范围内分享。分享暴露个人品味，分享昭示社会热点。

作者杜少中

正在发微博的"狼王"

洛阳白云山玉皇顶

城市规划创意图

印度尼西亚龙目岛海景

乌镇美景

城市公园的代步工具自行车

美丽、神奇的草原"天路"景色

乌江上的思林水电站

江苏盐城海上风电项目

序

我在参加巴黎气候变化大会期间，得知杜少中的第二本书要出版了，心里很是感慨。他的第一本书《微薄之力在微博》于2012年出版，四年的时间过去了，一千多个日夜，没听说过他天天伏案，但当看到新书稿时，我才意识到，这几年他在微博上对环保问题的针砭，从未停歇。

少中是半路出家走上环保之路的，他原本不是干环保的，也不是学环保专业的。2003年，我走基层到北京市环保局，观摩大气污染治理电话调度会。调度会组织得有条不紊，会议由少中主持，电话的另一端是北京市各区县环保局局长，有几位我认识。那是我第一次见到他。他讲话很务实，通俗直接，把复杂问题简单化，处理问题合情合理，留给我蛮深的印象。原来对于他是"外行"的担心是多余的，而真正让我心里一动的是，他注意协调动员各级政府和各方面支持环保局的工作。环境保护需要多方合作、公众参与，进入新世纪更是这样。

此后，跟他的接触逐渐多了。他给我的另一个印象，就是办事认真，抓工作执行力强，只要是决定了、认准了的事情，都能干得风生水起。他主管全市机动车污染防治，在提高新车标准、改善油品质量、加强用车管控方面，走在全国前列，淘汰黄标车更是一炮打响，为全国带了好头。更新淘汰老旧机动车，又探索了持续的市场化机制。他分管全局宣传教育工作，在全市开展"为首都多一个蓝天，我们每月少开一天车"的环保公益活动，这项活动让他走进了公众的视野，为公众参与北京奥运环保做了很好的预热。而后担任北京奥运会环境新闻发言人，则拉近了他与公众的距离，在领导和同志们的支持下出色完成了任务。

我到国家发展和改革委员会工作后，组织开展全国碳排放权交易试点工作，探索建设中国碳交易制度。恰巧，2012 年少中被动员去北京环境交易所，做北京碳交易平台建设工作，他担任董事长上任那天我还专程去捧场。上任仅半年时间，他就将领导的企业扭亏为盈，两年时间，把北京环境交易所带到了全国环境交易企业的前列。这些都与他的专注和敬业分不开。

在私下里我经常调侃他，管他叫"杜大 V"。他有一个特点是很多同龄人甚至是年轻人都应该借鉴的，那就是接受新事物快，且遇事不怵。微博几年前还是个新事物，很少有官员开微博，即使开通了，也是"潜水"，不愿意用自己的真实姓名，不愿意在微博上多讲话、讲实话，有的则始终潜伏在微博里。少中把与传统媒体打交道的经验用到新媒体上，算是先"吃螃蟹"的人，我想他肯定被螃蟹夹过，但是他仍活跃在微博里，也活跃在讲台上和各种环保公益的社会活动里。我有时候说他是"话痨"。他心态很阳光，从不隐瞒自己的观点，愿意在网上网下与众多关心环保的朋友交流互动，为其答疑解惑，传播正能量。我很高兴为这样一个环保战线的老部下点赞。

为山九仞，岂一日之功？给这本书写序，也是对作者本人的介绍。他的书不是一天两天完成的，书中的案例是他参与各种实践的实录，很多内容也是他平时的所思所想所记，从一个侧面反映了当代环保人的事业与情怀。了解了他这个人，了解了他的微博，也就大概了解这本书了。

祝他不断和上时代前进的节拍，为建设美丽中国继续发光发热。

解振华

中国气候变化事务特别代表
国家发改委原副主任、原国家环保总局局长

自　序

　　我的第一本书《微薄之力在微博》，是 2012 年 5 月跟大家见面的，那是一年多的微博实践和初步思考，当然还有不少媒体朋友和众多网友的评论。那本书的出版勉强可以支撑这段时间参与培训、与大家交流研讨"政务微博"的应急之用。但那之后总想再写一本，因为第一本留下了太多的遗憾，不如此很难对其中的粗糙、肤浅补救于万一。恰逢中国传媒大学全国领导干部媒介素养培训基地要老师们出培训教材，又有董关鹏院长亲自督战，我只能又一次"赶鸭子上架"了。

　　其实早在 2008 年北京奥运会闭幕后，很多朋友就动员我写一本关于新闻发言人经历的书，我也为此做了一些准备，甚至起好了书名《话里话外》，搭好了框架——说出来的故事、走出来的波澜、干出来的底蕴等，收集了很多素材。可我总觉得过去是那么不堪回首，不愿意回忆。再加上有个关系总也理不清：没时间静下心来，就写不了东西；可没有火急火燎的生活，好像又没了写作的激情。一直这么自相矛盾着。我好像非得让事儿赶得跟浪鸭子似的才会想事，写出来的东西才能看。

　　让我做发言人的培训，其实就是分享我在传统媒体面前做发言人和在新媒体中"试水"的亲身体验。写这样的书，就是把大家都知道的事理成故事，把大家不知道的"隐情"揭秘一下。我写微博五年多了，就以微博故事为素材，以新闻发言人的思考为线索，这样书的内容有了，书名就成了：《微聊环保——新闻发言人网上网下的故事》。

　　如果能成为教材或是教学的参考资料，也算是给讲新闻发言人课程的教授们做点儿实践佐证。当然，不管谁讲了什么，我怎么做的、怎么想的就怎么写，若有"撞车"敬请原谅。

　　这本书仍然收录了不少网友的评论和一些媒体的报道，它们不仅给我很多启发，其中不少本身也是很有分量的。有了它们，这本书才更立体、更生动、更真实。希望这本书能给更多朋友带来有用的知识和阅读的乐趣。为此，向所有为本书添彩的朋友表达由衷的感谢。当然，为了突出主题，也对部分评论和报道做了必要的取舍，如有不妥之处，还请谅解。

目　录

第三部分　精于术而明于道

第四部分　新媒体是环境科普的好平台

第一部分

新闻发言人的道

狼王手记[①]

为什么要讲新闻发言人的道?

　　2003 年中国正式建立新闻发言人制度，在那之后，不知道从什么时候起，新闻发言人进入了各个领域，进入了各单位"寻常人"的工作和生活。以前，新闻发言人是中央国家级重要机构才有，一年也见不到几次，主要任务就是召开新闻发布会，接受媒体采访。2003 年我刚当新闻发言人的时候，也就是照着他们那些"虎"画我这只"猫"。今天好像很少有单位没有新闻发言人了，尽管他们中不少人还不尽知新闻发言人为何物。

　　也很难准确地说从什么时候起，新闻发言人培训成了一件越来越热门的事儿。很多地区、行业、单位都培训新闻发言人，动辄几十、上百、几百。这是一种什么需求？他们培训出来，还都是只为开新闻发布会、接受媒体采访吗？显然不是，最起码不全是。在互联网发展越来越快的今天，新媒体蓬勃发展，媒体融合成为趋势，每一个人都可以成为"媒体人"，毫不夸张地说，新闻发言人的素养，已经成为所有公务人员都必须具备的基本素养。因此，我们今天的培训也不是培训过去意义上的新闻发言人，而是培养善于运用多种媒体特别是新媒体与公众打交道、协调公共关系的新闻发言人，且发言的内容也远超"新闻"范围。有人管这叫公共政治，我不会起名，我只会说事儿，说说新闻发言人网上网下的那些事。

　　作为 2008 年北京奥运会环境新闻发言人，我面对媒体的时候，多次说过一句话：北京环保是在全世界的聚光灯下工作。媒体充分发展的今天，每一个公务人员的全部"武功"都是要在公众面前表演，要不怕"人肉"，不怕难题，面对热点，敢于担当，面对杂乱纷繁的舆情，善于应对且传播正能量。既要有专业素养，也要有媒介素养。媒介素养又必须以其他素养为基础，很难设想一个举止粗俗、什么知识才艺也没有的人，能上台当个好演员。公务人员做"演员"的要求更高，因为你要给公众办事，没有起码的诚信、做人

---

　　① 本书作者杜少中的微博账号为"巴松狼王"，故本书中"狼王""巴松狼王"均为作者代称。

的素质，不仅公信力差，而且迟早是要出大事儿的。

做新闻发言人和新媒体应用的培训的经验，以及过去当新闻发言人的亲身经历，让我认准了一个理儿，就是俗话说的"干活不由东，累死也无功"，干什么活儿你都得认准了你的东家是谁。公众是新闻发言人和媒体共同的"东家"，依法、依规，科学满足公众的需要，让公众的知情权、参与权更好地落地，让信息源头与公众信息不断趋向对称，是新闻发言人和媒体共同努力的方向。这也许就是新闻发言人所应该恪守的"道"，而一些方法性的问题则是"术"，发言人的道与术，道比术更重要。

王惠（北京市政府原新闻发言人）：

奥运会筹办和举办期间，北京奥运新闻中心活跃着一批明星发言人。其中一人，连续九天坐在我身边，回答记者们各类有关北京环境的问题，并以独特的答问方式受到记者追捧。他叫杜少中，是北京市环保局副局长、新闻发言人，我与他常因北京环境治理信息发布打交道。2011年初春，我在党校学习，杜少中与我同班，课间他来找我，捧着一个iPad，让我旁观他用微博与网友聊天的记录，并津津有味地给我讲聊天记录以外的故事，眼睛里充满了难以抑制的兴奋。

这对我来说，应该是微博的启蒙教育。很快，人们对杜少中的认识从环保局明星发言人转换到了官员"大V""巴松狼王"。我也带着北京各部门的新闻发言人建起了北京微博发布厅。无论是新闻发布时我带着他，还是政务微博发布时他拉着我，无论是面对记者，还是回应网友，我与杜少中都有着相似的经历和不同的心得。难得的是，他在微博世界里如虎添翼，更加活跃，与网民沟通如鱼得水，更有人气，追捧他的不仅有媒体，更多的是网友。有心的他把在微博上的"呼风唤雨"都收录了下来，集成此书，值得一读。

过去讲课我用过不少题目，经历多次实战，特别是一次网上网下争论，让我下决心把讲课的主题锁定为"新闻发言人的道与术——兼谈公务人员的媒介素养"。新闻发言人的道和术，通俗地说，道是脑袋，术是耳朵，脑袋掉了，耳朵自然就挂不住了。当然，术也不是可有可无。脑袋在，应该有对好耳朵，一是保证脑袋功能健全，二是美观好看。

曹林是《中国青年报》著名评论员，网名"吐槽青年"。他在我国香港媒体上发表了一篇文章——《中国新闻发言人制度的失败》，我概括文章有两个基本观点：一个是说中国最早一批新闻发言人都没有好下场，另一个观点是说现在的培训都是在教新闻发言人糊弄老百姓的招儿。对此，我们有过线下的对话，也有过网上的互动，当然谁也没有试图说服谁，因为都很"轴"，各持己见。不过，正是他的话提醒了我要好好地讲一讲"新闻发言人的道与术"。

中青报曹林：

> 如今的新闻发言人培训，基本已经走向歧途，流于技术化和技巧化地回避真实问题。没有坦诚沟通和新闻发言的干货，只剩下技术性的"慎说原因"和让人一看就明白的生硬职业技巧。黄金一代的新闻发言人，受到了来自官方和民间的双重夹击。@王旭明@巴松狼王（2014－06－30）

巴松狼王：

> 新闻发言人培训，过于"技术化"是应该注意的一种倾向。新闻发言人的"道与术"，道更重要。但文章分析说理局促，结论就略显匆忙。新闻发言人不能"没有"嘴，也不能是"大嘴"，更不能是"歪"嘴！@中青报曹林 老弟我这么说可以吧?!（2014－06－30）

狼王手记

嘴要说话，不能哑巴

巴松狼王：

说机动车尾气、燃煤污染、施工扬尘、工业排放、餐饮油烟、秸秆焚烧……是大气污染源，都有人不高兴，那又怎么样？说有的环保部门或个人"一不做，二不说"也有人不高兴，那又怎么样？就是要说，让污染的、不作为的混不下去！（2014-09-22）

开两会的作用之一，就是鞭策、鼓励人们干活儿。"一不做，二不说"的官儿就别当，"一不做，二不说"的机构就别留。又不是文物，摆着只能招恶心！（2014-03-05）

显然，新闻发言人是嘴，嘴的一个功能是说话，有嘴不说话是哑巴。发言人干的是个实践的活儿，是个不断在舆论熔炉里"炼"的活儿，不能光靠上课、看书就当发言人，得通过接受媒体采访、开新闻发布会、在网上网下互动不停地磨砺。

我最开始做新闻发言人的时候，一见镜头，脑子就一片空白，什么话也想不起来。有人在镜头前举个题字板，给我写两个大字提示主要内容，可是我除了这两个字，别的还有什么都想不起来。2008年北京奥运会那一年里，我接待的外国记者就有1 400多人次。经过奥运会，对着一大片镜头，我就特有精神、有感觉，特想说话，这个过程就是"炼"出来的。

狼王手记

一不做，二不说，要环保部门干什么？

我在微博上和讲课中都坚持认为，环保部门的职责就两条：做和说。做，即组织污染防治、科普、动员公众参与。说，即宣传和教育。一不做，二不说，要环保部门干什么？

宣传教育是环保工作题中应有之义。1972年在斯德哥尔摩召开的第一次国际环保大会——联合国人类环境会议提出了"只有一个地球"，就是一种警示，就是用事实告诉人类，再不注意保护环境就活不下去了。

不管其他人说不说，环保部门要先说、主动说，你不说，媒体会说，公众自己也会说。一说污染，感觉就是批评我们，这是错误的。批评是我们的武器，而且首先是我们的武器。社会公众都可以批评环境污染，但不如我们专业。我们既能把说过头的话揪回来，也可以把不到位的话提上去。

环保系统有个特点，有时候不仅不喜欢向更多人传播，甚至不希望向系统内的人传播。有人坚信，环保就是讲做，不讲说，这是传统。有时候，只要一提"这事要说一说"，还没等说呢，很多领导立刻就会制止，强调"少说少说"，其实还什么都没说。

每一次环境危机，环保部门应该做的是：及时发布信息，跟踪污染事件，对事件做出科学的、实事求是的评估，要有科学依据，要准确。同时要给公众做科普，这是最好的科普时机，在大家最关心的时候，科学解读环保知识。

一段时间了，有一种说法，好像有理，又好像不对劲，不知道怎么解读。这个说法就是，有人说宣教这种提法得改改，不能说宣传教育了，不时尚，落伍了。你看，宣传就是我说你听，你不听我也说。教育还是我说你听，而且不听不行，特别像老子对待儿子。真有点居高临下，不讲理。眼前大家都在侃"民主"，你怎么还敢说宣传教育？胆儿够"肥"的啊！

仔细一琢磨，这说法有问题了，宣传教育这提法的道理不仅没错，还就是正理。别的我不说，就说环境宣教，环境科学就是得宣传，有些人就是不想听，不听提着他耳朵也得让他听。就是得教育，不听不行。说教育是老子对儿子，那也对，养不教，父之过，老子就是要告诉不听话的儿子，环境不能再任你随意糟蹋了，死活得给孙子留着点儿，不能因为儿子不听话，让孙子、孙子的儿子、孙子的孙子骂我们这一代人是民族的罪人。这理儿讲到这份儿上，通透了，环境宣传教育还是得要。

环境宣教态度要坚决，要理直气壮，不能看人下菜碟。内容要科学，不能糊弄人，更不能蒙人，不能为眼前利益牺牲长远利益。方式要多样，多一些平台，多一些活动，让所有人都能找到自己的兴奋点、参与点，每个人都能为环保出力。

当然，宣传教育是要讲理，但也不能老板着脸讲大道理，要多说人话，少说官话，把道理讲得入情入理，把道理讲成故事，让大家爱听，愿意照着做。

要用好互联网，调动各方面的力量。要用好新媒体，特别是微博，它是个成熟社区，网民众多，传播广泛，尤其是互动性强，不仅与网民互动，还与其他媒体互动，这是它区别于其他媒体的最重要的特征。

因此，人们把它称作常设的发布厅、双向的发布会。要听原汁原味的公众反应，任何一种渠道都没有微博来得快。

有人说写微博"自嘲"是及格，会"自黑"才算入境了，真会写了得"互掐"，还有走温柔路线的，张口闭口"亲"，持续"卖萌"。其实这些都不重要，微博就是捅胳肢窝、挠脚心，把人浑身的痒痒肉都激发出来，话说不到点儿上，事儿办不到人心里，又有什么用呢？

政务微博就是把我们原有的工作机制进一步激活，使工作效率更高，事办得更快更好。语态心态都要变，要内容好、文字好、图片好，搭起与公众很好沟通交流的桥梁。环境的政务微博，就是健康与环境传播的大众媒体，为公众提供有效环境信息服务的好平台。

大家需要，我们也需要。

巴松狼王：

昨天有人转告，著名媒体人王志在温州讲课举例，说我是记者喜欢的采访对象：正面，坦诚，喜欢讲故事，通俗解读各种专业术语，有眼前一亮的"标题句"。其实，尽管他们中有人也"骂"过我，但我很喜欢他们，作为群体，记者是最敬业的，最起码是之一。@董关鹏 @淼呜呜 @wenzhou 919（2013 - 06 - 09）

网友互动：

　　中国环境新闻：狼王说："政务微博就是把我们原有的工作机制进一步激活，使工作效率更高，事办得更快更好。语态心态都要变，要内容好、文字好、图片好，搭起与公众很好沟通交流的桥梁。环境的政务微博，就是健康与环境传播的大众媒体，为公众提供有效环境信息服务的好平台。"这也一直是我们为之努力的目标！

媒体报道

政务微博如何避免"聋哑症"?

《决策探索(上半月)》 2011 年 12 期

(2011 年)24 日 22 时 01 分,化名"巴松狼王"的北京市环保局副局长杜少中,在云集了北京 21 个部门和 7 位新闻发言人的"北京微博发布厅"里,以一条探讨发问式的微博——"如何让环境问题的讨论成为一种经常性的机制,让公众参与不再是个别活动,而是一种普遍现象",结束了这个上线一周便拥有 300 万粉丝的"明星"政务微博平台忙碌的一天。

如今,杜少中所希望的公众参与,正以政务微博的形式得以实现。但是,面对 4.85 亿网民、3 亿微博用户,政务微博要想真正做到"互动中带着作为",还有很长的路要走。

集体发"微":打造政府部门和百姓互动新平台

"Hi,我是王惠。我是北京的新闻官。我开微博的原则是不当'僵尸'、不作秀,要的就是一个真诚。'北京微博发布厅'就要上线了,请大家多多关注哦!"17 日,北京市新闻办主任王惠的这条微博,宣告了全国首个省级政务微博发布群的成立。

王惠是"北京微博发布厅"的主要策划者。为了显示"群"的力量,她一下子把北京市政府新闻办公室、市发展和改革委员会、市教育委员会、市公安局、市民政局等 21 个部门及 7 个部门发言人拉进了微博大厅里。

拒绝"僵尸":线上和线下应协调配合

25 日一早,"济南公安微博"就用一条早安问候微博开始了新的一天。9 时,济南市民杨炜烽向"济南公安微博"反映经十路上有绿灯出现故障,22 分钟后,接到"济南公安微博"通报的历下区交警回复:信号灯故障由突然停电造成,已派警力在路口人工疏导。

"微博问政"需制度来保障

中国人民大学舆论研究所所长喻国明在首届"政务微博与社会管理创新高峰论坛"上说："领导干部想问题、做决策、办事情，需要民意的支撑，需要寻找与民心的结合点。微博问政恰恰为官员问计于民、问需于民、问政于民提供了一种便利。"

在人民网舆情监测室主任分析师庞胡瑞看来，相比业已成熟的商业微博，"政务微博才刚刚'学会说话'，需要全社会共同推动政务微博的发展。"

有此一说：政务微博开通初衷各不相同

综合各类政务微博，记者发现：政务微博设立的初衷之一是提供资讯与服务。北京市公安局的官方微博"平安北京"在首条微博中表述："最新的警方资讯，最快的防范提示，您身边警察的新鲜事儿，您最想了解的服务举措，都会织进这个'警察围脖'里。"

初衷之二是舆情危机公关，通过微博回应网络盛传的负面新闻。11月16日，就甘肃庆阳某幼儿园超载校车发生的车祸，甘肃卫生厅在其官方微博上通报伤亡情况和治疗进展。

初衷之三是在负面事件发生后"临危受命"，专门回应和辟谣。衡阳市司法局正副局长在会议上互殴事件曝光后，衡阳市司法局于10月12日开通官方微博，连发三条内容雷同的和解申明，之后再无更新。

观点：经营政务微博不能光说不练

合格的政务微博至少要具备两个功能，一是表情，二是达意。所谓表情，就是要放下身段，不怕"板砖"，以真诚负责的态度拉近政府与民众的距离，这绝非使用几句"亲""童鞋（同学）"那么简单。所谓达意，就是要"边做边说"，让老百姓实实在在地看到所发布政策的实效，看到"倾听"之后的"作为"。

"越是公众关注的，越是要主动站出来"，"快速反应，及时处置"，这是成功运营一年多、粉丝200万的北京市公安局官方微博"平安北京"的经验。这也告诉我们，经营好微博这个"麦克风"，改变既往那套语态和心态，绝不只是新闻官的事，如何更多更好地"出声"，更重要的是如何更多更好地办事，这是摆在所有部门面前的大课题。

（本文为节选）

狼王手记

不能是大嘴，更不能是歪嘴

发言人得张嘴说话，但是不能瞎说，不能是大嘴，更不能是歪嘴。

事件还原

2014 年的 APEC（亚太经济合作组织）领导人非正式会议在中国北京的雁栖湖举办，这是时隔 13 年之后 APEC 再一次回到中国。北京市人民政府外事办公室（简称外办）于 2013 年 10 月 8 日举行新闻发布会，详细介绍了会议的筹备情况，并表示北京将以此为契机，加速城市建设，会议期间将会采取关闭重污染企业等八大措施，改善空气质量。媒体报道有这样一段记者对北京市人民政府外事办公室主任赵会民的采访。

张英（东方卫视特派记者）：以往 APEC 峰会举办城市并不是一个国家的首都，请问一下，明年的 APEC 峰会为什么会选择在中国首都？明年 APEC 峰会，北京政府会采取怎样的行动改善空气质量？

赵会民（北京市人民政府外事办公室主任）：雁栖湖离北京城区还有 50 公里，是北京的郊区，这个和 APEC 的习惯没有太大区别。和 2001 年上海 APEC 峰会最主要的区别就是这个会议不是放在城市举行的，而是放在城市的郊区。

解说：对于记者提到的空气质量问题，赵会民表示，北京市已经制订 2013 年到 2017 年清洁空气行动计划，其中包含了八大项措施。

有记者还问道：公众可以做些什么？

赵会民：比如控制人口，控制机动车，提高机动车排放标准，关闭一些重污染的企业，也包括给我们的市民提出希望，比如我们中国人的烹饪，实际上现在城市大了之后，它对 PM 2.5 的"贡献"也还是不小的，也希望市民能够更好地配合政府做好清洁空气的工作。

点睛

环保的发言人，不能怪媒体问题多，应该怪他们问题少，问不到点儿上，问不到要害，更要怪我们能让人们记住的话说得太少。

赵会民关于烹饪油烟对 PM 2.5"贡献"不小的解读很快在网上引起热议，被某些媒体曲解，有的是不了解环保，有的则是哗众取宠吸引眼球，还有的就是唯恐天下不乱，借此挑拨政府与公众的关系。

从公共传播的角度看，赵会民的发言和解读无可挑剔。看得出来，他为这次新闻发布会和采访，是做了功课的，回答这个问题一点不比环保专业的领导差，理应得到舆论和各有关方面特别是主管部门的支持。可惜在舆论监督中，官员是"弱势群体"，一个"当官儿"的挨骂，即使他对，也很难得到支持，有拍砖的，有围观的，就是没有伸出援手的。

从环保专业的角度看，他的话不仅没错，还非常重要。对于空气质量来说，油烟污染是除了机动车、燃煤、扬尘、工业四大主要污染源之外的一个重要来源，也一直是居民反映较多、环保部门一直关注的污染之一。有的媒体咨询时问我：他说得对吗？我们怎么没听说过烹饪油烟也是污染源？我说，他说得没错，你没听说过，只能怪你孤陋寡闻。

当然这也说明我们环保科普欠缺。大气污染没有不知道的，但四项主要来源又有多少人都能说得出来？四项之外还有什么？人们又知道多少？确实太需要普及了。

因此，我说环保的发言人，不能怪媒体问题多，应该怪他们问题少，问不到点儿上，问不到要害，更要怪我们能让人们记住的话说得太少。

我在接受多家媒体采访、咨询时对此做了澄清，也发了微博，批驳了一些人的错误言论。非常可喜的是，"狼粉儿"们很有正义感，纷纷点赞。有人夸我胆"肥"敢顶"雷"，其实我是"账多不愁，虱子多了不怕咬"，从开微博就挨骂，已经掉河里了，还怕身上再沾点儿水吗？

巴松狼王：

网上在热议北京市人民政府外事办公室主任说的"烹饪对空气污染贡献不小"。我看了当时的视频，发现根本就没问题，更不要提他是在说了八项主要措施后，讲了一些希望，并使用了"也包括、比如说"等限制性的措词。北京有餐饮企业近 5 万家、家庭炉灶几百万个，可以说它们不是空气污染的主要来源，但谁又能说它们不是污染源之一呢？（2013 - 10 - 10）

网友互动：

摘星手：巴松狼王的持平之论。

某网友：说烹饪油烟是PM 2.5的主要来源，让人烦！闹了半天，北京空气污染还是百姓吃饭闹的？这话说得既离谱又二。

巴松狼王：

这条微博疑似造谣：没听谁说过烹饪油烟是PM 2.5的主要来源。很像挑拨：说烹饪油烟对空气污染有"贡献"，怎么能和"百姓吃饭闹的"混为一谈？此话若出自一般人之口也就罢了，好歹也当过新闻发言人，谁二？（2013-10-12）

巴松狼王：

这几天和博友讨论"烹饪油烟对空气污染贡献不小"，现在看来此问题提出，非但没错，反而有益。城市餐饮油烟是市民时有投诉并持续多年治理的污染源。现在个别媒体当新鲜事炒作，有人盲目跟风，有人借题发挥……这说明：一、环保科普仍任重道远；二、公众参与要正确引导；三、多方互动十分必要。（2013-10-13）

泰山老槐树：餐饮业油烟污染治理在我们县城也已经开始进行了，北京重视一下还不应该吗？污染源有很多，要逐项治理。不以恶小而为之。

契尔年科：打击断章取义。其实媒体炒作的，有很多都是断章取义的，有关部门得重视重视。

止戈示单：问题的关键在于烹饪这个事情事关老百姓日常生活，中国人的生活习惯和饮食文化是很难改变的，而治理企业等污染源更加合情合理。建议环保宣传要更加人性化，哪些当说哪些不当说，哪些可能引起适得其反的效果，都要考虑，并不能纯数据性地去看待。

巴松狼王：

餐饮油烟作为污染源之一是客观存在的，多年来每个城市都在治理这件事也是真实的，而且随着城市的不断发展，治理力度也在不断加大。这和让不让吃饭没什么关系！希望环保人员都能就此跟大家认真对话，不要让舆论被某些不负责任的言论左右。（2013 - 10 - 10）

董关鹏：大污染小污染都要共同治理，没有顾此失彼的道理。曾经在饭店楼上居住，天天呛个半死，减少排污人人有责！！

气候组织 TCG：说得没错：一、环保科普仍任重道远；二、公众参与要正确引导；三、多方互动十分必要。污染物要治，对环保的理性态度也要树立。

巴松狼王：

造谣诽谤事件频发，势必加重网络乱象。网络虚假信息多，势必增加采信成本。微博本来是个方便快捷的新媒体，但如果每采用一条有用信息，都得像吃重庆辣子鸡丁一样，从辣椒堆里刨鸡丁，那不仅增加成本，也浪费时间。《最高人民法院、最高人民检察院关于办理环境污染刑事案件适用法律若干问题的解释》和其他关于网络的管理规定，对维护网络秩序、保障网民合法权益都十分必要。（2013 - 09 - 10）

新微小郁 lizi：维护网络秩序很有必要，网络将会越来越规范，谣言本身就是虚假的东西。

好好天天 555：言论应该是自由的，如果言论涉及诽谤和造成损失，则应该由受损失一方提起法律诉讼追究责任。如果言论对政府提出质疑，那就说出真相，拿出证据，如此自会澄清事实，不能自己遮遮掩掩，各种秘密不公开，却硬要人家相信你的所谓辟谣，然后打击那些提出质疑的人。如果政府对这都嫌麻烦，那就等于逃避和转移责任。

蓝色互动在路上：刑罚只是网络行为责任的最后屏障，规范网络行为不能止于刑罚"给力"。如何调动受害者的积极性，在法律上强化其主张民事权利、追究侵权者民事责任的能力？如何规范网络违法行为相关行政责任的追究范围和程序？如何做好民事、行政、刑事责任的衔接？如何完善全方位的法律责任体系？还应及早完善。

狼王手记

多说"人话"，少说"官话"

点睛

少说"官话"自然是指少说那些"假大空"的套话和"哼哼叽叽"官样儿的话。而"官方的话"还是要说的，官方的话包括文件、讲话等，表述精准、清楚，是办事的依据。

在解读、解释这些"官方的话"的时候，要用所有人都听得懂的话，就是这里说的"人话"。

在微博里，我们能够把所有官方的话解读成接地气的人话，还可以有针对性地举例回复，让更多的人读懂官方的文件。

有人说：这个题目，一是表述不准确，既然认定官话不好，为什么只是少说，而不是干脆不说？二是官员也是人，这样说是不是辱骂了官员？其实，这句话要认真分析。通俗解读"官话"似应包括两种话，一种是官方的话，另外一种是官样儿的话。少说"官话"自然是指少说那些"假大空"的套话和"哼哼叽叽"官样儿的话。而"官方的话"还是要说的，官方的话包括文件、讲话等，表述精准、清楚，是办事的依据。没有人会拿着一条微博去工商局注册企业。官方文件也是为社会服务所必须存在的。但传播学有个研究成果叫"三六九"，就是三句话、九十秒说清一个问题，并且要把受众锁定在六年级水平。今天我们的官方文件出台过程，往往是"大学生"起草、"研究生"修改、"博士生"甚至"博导"审定签发。可以要求官方的话简洁，但要全部读懂还是要受专业、文化等条件限制。隔行如隔山，即使是某个领域的专家，对他研究以外的问题也往往了解不深。

所以，在解读、解释这些"官方的话"的时候，要用所有人都听得懂的话，就是这里说的"人话"。

16

新媒体特别是微博这个平台很好，一是可以及时发布信息，二是可以与读者互动，最重要的是，在微博里，我们能够把所有官方的话解读成接地气的人话，还可以有针对性地举例回复，让更多的人读懂官方的文件。就像人们常开的一个玩笑，说没有多少人读得懂《婚姻法》，要真读懂非得离过一次婚。有了微博这样的新媒体，众多网友多角度互动参与，让没有离过婚的人，也可以比较容易地读懂《婚姻法》了。

巴松狼王：

少说官话，多说人话，强调的是官员说话要接地气，不是一概排斥官话。公众通常理解的官话，一是官方文件、官方讲话，二是官员说的官样儿的话、重复原则的套话。前者必须有，官方文件严谨，是用来执行的，微博好但没见过拿着微博去办事的。后者一定要尽力避免，官样儿的话是舆论环境的一种污染！（2013-06-07）

网友互动：

我自翻跹：官方文件也好，官员讲话也罢，重要的是，说的得是实话，办的得是实事。

青岛环保：👍狼王说实话，改作风从改文风做起，道理越说越精辟，规律越总结越无懈可击，可群众越听越觉得不像人话，总是隔着一堵墙，就是接地气的落实环节缺了。

巴松狼王：

如果说，除了领导名单、职务及套话，再没啥实质内容的新闻报道，是传统媒体让人深恶痛绝的顽疾，已到非根治不可的时候了，那么，一个为接地气而生的微博，如果也如同染上了同样的病，那还真不如直接死翘翘算了！亲爱的"官微"们，接地气是为生死而战、为荣誉而战啊！（2015-01-09）

侯宁：狼王干脆点名呗，掩掩藏藏干吗！😨

青岛环保：狼王敏锐。👍感觉这不是个案，面上也有这问题，那种生龙活虎、真刀真枪、生机勃勃的劲头弱了，有那么点未老先衰暮气沉沉的迹象，越来越机械，越来越程式化、规范化，刻板有余灵动不足，是微博这个平台累了吗？

巴松狼王：

> 环保的微博，不管加不加 V，都该不失本色。

晚安寶貝：说进心里。有些宣传部门领导，不懂网络为何物，而一再高压指挥，教育新媒体要学写那一套官话，不给领导写职务就是"政治错误"，开工作会议要微博多条直播，网友调侃要逐个举报，要求"既严肃又活泼"——我可以讲个冷笑话。而我认的死理是，倾听民声了解民意，脚踏实地做该做的事情，大家会看到变化。

生态梦人：应突出"亲民、互动、务实、理性、包容"之本色。

巴松狼王：

> 今早，在国家环保部一培训班，讲如何做环境新闻发言人。先从热点问题分析切入，给大家分享了一条微新闻和我的观点，大多数人直接同意，少部分人拐弯同意。我的同行们是愿意做事的，但得研究如何让"大官们"都跟环境问题较上劲，让"小官们"在具体落实中也都使上劲。（2014-10-13）

海陆空 8311：我就是培训班的，来自河北省环境执法监察局。杜局长的讲课收放自如，绵里藏针，内容形式都很新颖。尤其是始终站着讲课，这对 60 岁的人来说，不容易。再次谢谢。

狼王手记

微博该不该开？

微博该不该开？微博该谁开？微博怎么开？怎么用好新老媒体？怎么和公众互动、和媒体互动？

一提官员开微博，自然就会涉及上述一系列问题，其中自然有"事多忙不过来，官员身份和机构身份在微博上该怎么处理"等具体问题，但更主要的还是得先了解官员个人和党政机关开微博是为什么。这一点明确了，这些问题自然就有了答案。

——微博是为了进一步"激活"原有机制，更好地为社会服务，当然要开。

——依法行政不仅要发文件，还要充分解释。只要有为公众服务的职责，都该有新媒体平台，尤其是微博。

——微博是为了更好地与公众互动，所以机构该开，领导干部也该开。

——宣传部门可以管理舆情，可以组织管理好微博，但不能代替职能部门包揽微博。

——与公众互动、与媒体互动是政务微博的重要功能。

巴松狼王：

我写过几次，说喜欢微博，理由之一是它给你灵感，但还是需要读几本书或者是弄明白点问题，不然你晒什么，跟大家侃什么？当然，书也不能读歪了，有点知识不为哗众取宠，更不为"喷粪"，为的是能脚踏实地做点儿事，不枉为人一生，这应该是常人正道吧。大家说对吗？（2013-09-24）

网友互动：

迷彩混混 yf：非常对，但只有不浮躁的人能做到！

蒙山飞鹰：微博不但能给人灵感，还可以激发斗志。很多时候读书是因为微博讨论、辩论的激发。当然，在讨论、辩论的过程中灵感也会不时地闪现。

巴松狼王：

微博与传统传播方式最显著的不同就是互动。什么是互动？互动就是变一个人发声为人人可以发声。声音大小最终取决于信息中的含金量。哗众取宠的表演，欺世盗名的谎言只是一瞬即逝的浮云。@董关鹏 @真老顽童 @窦含章（2013－01－25）

lu噜啦啦lu啦啦：您在微博上的表现不符合大家的传统预期，大家渴望这样的您，又不敢相信还存在这样的您，这是多么纠结的心态啊！

巴松狼王：

有的博友对我的微博要求可真不低，不管他怎么说你，你想开个玩笑轻松一下，他就急，非说你"生"。最不能让人容忍的是，一口认定我的微博是有人帮忙。我上个世纪90年代触网，又干了八年新闻发言人，现在写个微博还要人捉刀，不会这么弱吧？求求那些还不认识我的博友们，让我落地行吗？（2012－02－16）

赵鸿燕：看来我需要写本专著为你正名：巴松狼王的微博的确是亲自写的，说明我国新闻发言人人文素质提升！

九三朱良：新闻发言人，有责任让社会各界相信他说的话，不能不管你信不信。人发言，只要让同道者相信就行了，有些人反正永远都不信，说什么也没用。从杜局长到@巴松狼王，职务转变了，职责也转变了，心态转过来了吗？

竹之辞：本人作证，这位狼王我采访过，微博风格一看就是本人，如假包换。

巴松狼王：

微博是网络入海口首选地，这说法好！（2016－01－05）

　　政务微博一年，众口难调调众口，人心难测测人心，互动之间。@政务Ｖ影响力峰会　@政务新媒体学院（2016-01-20）

　　要特别鼓励公务员开微博。微博只有进行时，没有完成时。政务微博的基本功能：倾听、对话、服务。没有微博你怎么那啥、那啥、那啥？（2016-01-21）

　　哪儿人多去哪儿，哪儿问题多去哪儿。🎤习总书记亲自发微博，对政府部门开官微、对领导干部开微博，具有极强的示范效应。从群众中来，到群众中去！（2015-12-27）

　　得给傅莹点个赞！🎤聊天式发布，开新闻发言之先河。语言朴实、态度平和，该说的什么都没耽误，但感觉很亲切、接地气。视觉感受也舒服，用时尚的标准，女神的节奏有木有！（2015-03-04）

　　一位智者说：对发布会的驾驭能力，远比运用发言技巧重要得多。是，新闻发言人的道肯定比术重要。（2015-03-04）

　　呼小卷：今天是学院专家@巴松狼王 开博四周年纪念日，一早的感言很能代表一直坚守在微博的用户心声。北京市丰台区区委宣传部副部长乔晓鹏在去年学院"鹰雄"会上强调了对微博平台价值的重新认知和微博的回归，提出微博才是政府部门走进网络海洋的入海口和首选地，所以才有了创建丰台微博矩阵的"雏鹰展翅行动"。

媒体报道

当官不能怕微博

《小康（财智）》　2012年9期　亚雄

文如其人，字如其人。

读杜少中这本书（《微薄之力在微博》），就是刷他的微博，就是听他说话。

今年刚从北京市环保局副局长兼新闻发言人卸任的杜少中，现在的名片头衔是"北京环保人"，其实他更有名的头衔是新浪微博上著名的官员博主：巴松狼王。

从2011年1月开微博到现在，巴松狼王经历了网络名人特别是官员名人在虚拟空间里可能遇到的种种遭遇。有赞的，有拍砖的，有不骂不相识的，甚至有从无端谩骂到成为至交好友的。"一会儿被骂得狗血喷头，一会儿被夸得热泪盈眶。"（巴松狼王语）本书细致地刻画了一个伶牙俐齿的新闻发言人是如何将"反对派"——收服为忠诚"粉丝"的。

中国公共关系协会副会长董关鹏在序中说道，本书的作者是新闻发布3.0时代的佼佼者，他不畏惧、不惆怅，参与微博且在谈笑中讲真相、说道理、战谣言、树正气。

此言不虚。

当前，微博令一些官员时时汗下。据说现在不少官员在接受视频采访的时候，会默默将腕上手表取下，将皮带盖好。这个微博时代特有的怪现象来自几个"倒霉"官员：在一个热点事件中出镜的某局长被发现有许多名表，网友的口诛笔伐迅速升级为纪委介入调查，微博监督的力量在互联网时代熠熠发光。

这是一个注定会被历史记住的时代，官员敞开心扉展示真性情的微博本身就极具新闻感召力和深刻的社会意义。网友对"狼王"的佩服从能开微博开始，他被称为"一个敢于面对大众的官员"。

杜少中担任北京市环保局新闻发言人时间长达8年。他在微博上的文字风格与平日里的嬉笑怒骂以及幽默甚为相似。他为自己的微博定位清晰：坚持说环保的主题，其他"非诚勿扰"，给"粉丝"们更多的环保信息，织出更有特色的"围脖"。他给自己的微博注脚为"谁破坏环境就跟谁玩命"，北京爷们儿的气概气吞山河。

"狼王"有两个著名的瓶子，里面各装 100 克黑色的渣滓，那是一辆 6 升国 II 柴油车达标排放 1 小时收集起来的排放颗粒物。"狼王"用这俩瓶子四处展示演讲，让人们直观了解到 PM10、PM2.5 和汽车尾气。很多人评论道："触目惊心！这么直观的教育比大篇文字来得震撼。""震动很大！""每星期要少开一天车啊！"

"狼王"积极促进实际问题解决的行为也获得了网友的赞誉和支持。推动金隅七零九零小区周围多个化工厂排"毒气"导致小区臭气熏天的问题协商解决，曝光和解决路边垃圾问题，"狼王"的做法赢得了很多铁杆"粉丝"，网友感慨道："希望狼王带领的环保人士是群狼，有亮剑精神，清除北京的所有污染！谢谢您为一个小区的事情那么尽力，我们都支持您这样的好官！"

卸任环保局新闻发言人之后，杜少中就任北京环境交易所董事长，但是"狼王"的微博没有止步。推动碳交易市场的发展，将环保视野放之于全球，也许是"狼王"微博的下一个主题。

狼王手记

你有本领恐慌吗？

新闻发言人还没有张嘴就面临很多问题，而且是老问题还没解决又来了新问题，为此我提出了递进式的五组问题。

❖ 媒体是敌人？对手？非敌非友？合作伙伴？
　"从来不接受采访，不和媒体打交道"是荣耀吗？

❖ 敏感问题多，问题是怎么敏感的？少说甚至只做不说？
　政府还可以只做不说吗？多说"人话"和少说"官话"？

❖ 微博该不该开？微博该由谁开？微博怎么开？
　怎么用好新老媒体？怎么和公众、媒体互动？

❖ 你有本领恐慌（缺失）吗？会想、会说、会写、会干吗？
　面对媒体、面对公众，你的语态、心态适应吗？

❖ 你会讲故事吗？你会把你的工作讲成动人的故事吗？
　用故事传播中国好声音，批评是好声音、正能量吗？

巴松狼王：

　　新闻发言人培训，碰到的第一个问题，就是看见摄像机紧张。我第一次面对摄像机时，脑子一片空白，但后来摄像机少了兴奋不起来。其实就是这样：身上有一小片水时，你的第一反应是不舒服让它快干。你身上全是水时，你内心深处的反应，就是让暴风雨来得更猛烈些吧。这样，大家就都舒服了，不信你试试？（2014-05-29）

网友互动：

　　反思中迈步：有道理，但前提是肚里有货呀！

白巨婴：😁躲也躲不掉，还不如大大方方面对。

芝翔一叶：现场见证，杜局独到犀利，致谢！

三叶不遇者：有道理，人做事都有"熟能生巧"的过程。

巴松狼王：

"官员"微博得说，说得靠谱；得练，练得认真；得适应，语态、心态都要变；得用，用好微博这个自媒体，它是常设的发布厅、双向的发布会。涉及"阳光心态、简单生活"，就跟吃东西一样，别来那么多乱七八糟的，多了太不"环保"，容易撑着消化不良。(2012-05-27)

王惠：今天我受邀出席了巴松狼王的新书《微薄之力在微博》发布式。狼王在发表创作感言时说：官员开微博可不是玩儿的，不能说瞎话。我对他的看法是"心诚、艺高、人胆大"。心诚是他对自己的职业忠诚，对网民真诚；艺高是他善于用微博与网民沟通；人胆大是他不回避难题，敢于面对网友的各种质疑。敬佩！(2012-05-27)

巴松狼王：

接受采访真是"鸭梨山大"，怎么说都是要挨骂，好在不是头一回了，爱咋地咋地吧。我的微博底线：一、铁定遵纪守法。二、死活对得起良心。三、底线以上打哪儿指哪儿。欢迎大家围观、拍砖、品尝（这字没写错）！@点子正 @刘兴亮 @潘石屹 @中青报曹林 @熊焰（2013-09-11）

北京晨报：作为前新闻发言人，狼王一直深受记者欢迎。没有"鸭梨"的官员发言，没营养，没滋味。在媒体采访中，也最怕遇到那些打死不说或者冠冕堂皇永远只讲原则的太极高手。支持狼王类新闻发言人，赞同微博三底线。👍

中青报曹林：说自己的话，让别人无话可说，是不可能的。😁

洛阳杜康：每次都像艺术雕刻，沉静精细，返璞归真，本色演出。

巴松狼王：

玩微博淡定，有益无害。玩微博浮躁，害己害人。（2015-09-12）

凡事不怕糊涂的，也不怕明白的，就怕不糊涂装糊涂和不明白装明白的。写微博两年半，每每清晨，到网上一看，嚯，有"V"都发了好几十条血刺呼啦的东西了，咋办？跟无数善良的博友说，我最深刻的体会就是：淡定！淡定不排斥积极，积极也要淡定，有狼性更要淡定。总之，一是淡定，二是淡定，三还是淡定。（2013-08-12）

> **QY可可：**哈哈，还有一种方法，就是对那种一早发几十条的人果断取消关注。

> **巫术之熊：**如果是如实反映倒也罢了，可悲的是谣言满天飞，让人淡定不下来，真想上板砖……

> **蓝色互动在路上：**时刻保持一颗平常淡定之心，此心却不失正义、清白和善良，实在也不容易。👍

巴松狼王：

写微博，心理成熟的表现是：批评喜欢听了，调侃高兴看了，表扬有点不习惯了。还有，挨骂敢回复了，几天不挑事就觉得好像缺了点什么。（2012-12-14）

> **纳奥米日记：**狼王总结得真到位！我一天不接受点儿批评都不习惯了！😜

> **灵手巧晏小姐：**有这种态度就是对的，希望我们的政府也是这种态度。

巴松狼王：

"基本"完成，结果还将是各地完成、区域没完成，统计数字完成、环境质量没改善。环保为人的健康，要真正学会说"不"，治理达不到要求理应关停，过剩、落后产能理应下马……不知道为什么还为不转变发展方式、坚持污染的地方和项目扛着。上瘾？（2013-10-06）

红草帽 3427705970：环境保护，领导人带头说"不好"，企业家、环保局要有整治限期，或关闭或转型发展。

九三朱良：环保局是弱势部门，而且局长是地方管理的干部。空气监测职能和机构为什么不划给气象局？实行垂直管理，就没有遮掩嫌疑了。

董关鹏：各环保部门如果再帮地方长官和先富起来的能源、矿产权贵扛着，瞒着，拖着，等着，骗着，数字装点着，报告粉饰着，自己忍受着……就会把这个部门仅存的一点公信力消耗殆尽。

狼王手记

哪儿人多去哪儿，哪儿问题多去哪儿

巴松狼王：

我说过一个笑话：同样一个话题，在新浪说马上就有人理你，在腾讯说十年以后才会有人理你，在人民网上说根本就没人理你。说明这是三个完全不同的平台。让人欣慰的是，今天我在这个题目留言中看到70多个问题，40多万人阅读过。这说明环境问题越来越引起人们的重视，人民网的群体要发声了。（2013-08-21）

微博回归？是坚守还是预见？浮躁是现象更是阶段。（2015-11-29）

哪儿人多去哪儿，哪儿问题多去哪儿，这应该是群众工作的一个原则，也是传播的一个原则。有句市井俚语说：找没人的地方凉快凉快去。就是从反面说明讲正事、讲正理就要到人多的地方，那些不着调的人讲的不着调的事，就不配来人多的地方。我们与网友们交流、听取和解决现实中存在的各种问题，就要认真遵循这个原则。我开微博的时候，有几个网站来商量，最后我选择了新浪。因为这儿是一个成熟社区，网友众多、传播广泛、互动性强、信息量巨大。为此，我在人民微博做访谈时还发了一个笑话，并解读说：新浪微博是成熟社区，对热点社会问题反应灵敏；腾讯微博由QQ起家，年轻人多，他们得长大了才关心社会；人民网官员多，都矜持，只看不说。

大家公认，2010年是微博元年，2011年是政务微博元年。那时候微博是个几乎没有规矩的舆论场，没有规矩不成方圆，自由到了随便的程度也就不是什么好事儿了，特别是几亿人的一个社区，没有规矩都随便，那就跟随地大小便差不多了。

后来规矩多了，有人不愿意玩了，加上一些所谓"屌丝"到微信里找存在感，微博热度不够了，但大多数人还在这里彷徨，这给政务微博进入提供了一个大好时机。一是大量网友还在；二是网络呼唤正能量，需要大量的内容来源。负面的东西多，最好的办法不是抱怨、打压，而是引导，也需要引入科学的、真实的内容。就像环保治理水环境，根本的办法就两个：一是加清水稀释；二是有针对性地治理。比如在一些搜索网站上，看到很多关于环保的词条，内容不科学，有的甚至是讹传，给公众的认知带来很多误导，这种情况就得正本清源，引入大量科学可靠的信息源。

2012 年我开始搞新媒体的培训。机关、事业、企业和其他社会单位，都开始做新媒体营销，但目标和内容大不一样。对公务人员来说最根本的还是提高媒介素养，培养大批熟练运用新媒体、善于协调公共关系的人。面对这种形势，如果说临近退休的人危机感还不太严重，年轻一些的人则肯定是混不到底了。新媒体是个比较的概念，学会了用微博、微信公众号，它们也许很快就被其他的形式代替，所以今天所说的本领，一是运用现有知识技能的能力，二是学习新知识技能的能力。你不是在学习中得到自由，就是在不学习中被无情地淘汰。

点睛

新浪微博是成熟社区，对热点社会问题反应灵敏；腾讯微博由 QQ 起家，年轻人多，他们得长大了才关心社会；人民网官员多，都矜持，只看不说。

几亿人一个社区，没有规矩都随便，那就跟随地大小便差不多了。

网络呼唤正能量，需要大量的内容来源。负面的东西多，最好的办法不是抱怨、打压，而是引导，也需要引入科学的、真实的内容。

今天所说的本领，一是运用现有知识技能的能力，二是学习新知识技能的能力。你不是在学习中得到自由，就是在不学习中被无情地淘汰。

狼王手记

你想不想"静静"?

"我想静静。"不管网上赋予这句话什么时尚、诙谐的含义,面对喧嚣不止的网络,你是不是想静静,是不是跟越来越多的人一样,发自内心地觉得该静静了?可是我们自己不让自己"静静"的事儿还有很多。

前两天我发了"公告":为了集中精力干点儿事,不参与无原则的"扯淡",更主要的是能节约点流量,即日起,凡微信超过200人的群,本人一律退出,敬请大家特别是有想法的群主原谅!

后来又接着发了微信消息:退出了所有100人以上的微信群,手机里消停了大半,心也收回了不少。还有微博就应好好做媒体,别瞎弄什么群,选择喧嚣还是清静,其实主动权就在自己手中。今天起再把所有广告"朋友"请出,让朋友圈就是朋友圈,我喜欢交朋友,但希望您也把我当朋友,而不仅仅是客户。对由此给您带来的不快,谨表歉意!

结果呢?退出又大又闹的群,又请出了一些专门做广告的"朋友"。这样的微信似乎引起了大家的共鸣,已有180人点赞,100多个手动支持,还有调侃。还有一些朋友私信力挺,表示理解,其中不乏一些群主表示自己是骑虎难下……

新媒体确实是恰逢其时、应运而生的。社会节奏快、人心浮躁、标题党盛行、看不了长东西……微博140个字让大家都释然了。"公知"横行,"左右"狂掐,微博飞沙走石,一般网民们受不了冷落,又成就了微信。

接着各路"大咖"拉队伍求关注,微信群越做越大。政府媒体企业新秀抢地盘,公众号越做越多。

可怎么样呢?微信大群除了转发各种消息、段子、"鸡汤",就是争吵。之所以争吵,有时候压根儿就是因为没表述清楚。也难怪,有些人平时话都说不利落,还指望他能写清楚?但情绪倒是明明白白的,说到底其实就是个"愤青"。也是,没有"愤青"的大群少不了要冷清。正像有个大群群主给我发私信说,越来越不指望在群里能说清点儿事了。也有人跟我说大群的"作用"，一是扰民，二是费流量。当然，也可以满足一些人的虚荣心：他是多少个国家级大群的群主。也许他不知道，"败兴"就从这里开始。

公众号能够满足多种需求，确实有办得不错的，也起到了大众媒体的作用，但内容质量上良莠不齐。打开你的手机，看看那一大片没点开的"红点儿"是什么。不少公众号越来越像传统媒体的电子化，网络营销的生财之路，如果非说它有什么好处，那就是喜欢自娱自乐的人们可以将之写入"政绩"。乐此不疲的人们也许压根儿就没想明白：人们要是看得了这些个长东西，微博、微信还会诞生吗？当然，不管什么形式，只要是有用的好东西，总是可以留下来、传下去的。

互联网给我带来了什么？就是一个字：多。信息多、新事多、机会多，什么都比过去多。多是好事，但无论什么只要一多就容易令人眼花，眼一花心就容易乱，心一乱就容易出错。那么，我们能不能有另一种选择？当然能，这就是"静静"。

点睛

互联网给我带来了什么？就是一个字：多。信息多、新事多、机会多，什么都比过去多。多是好事，但无论什么只要一多就容易令人眼花，眼一花心就容易乱，心一乱就容易出错。那么，我们能不能有另一种选择？当然能，这就是"静静"。

狼王手记

关于我工作经历的调侃

我参加工作时，先到的首钢（中国首钢集团），后来从北京市政府到环保局，再到环境交易所，最后是中国传媒大学健康与环境传播研究所。有人调侃我的这段经历，说是先污染后治理，再用市场手段解决环境问题，最后是把健康与环境结合起来，传播、动员公众参与。虽说是机缘巧合，但这样的顺序透出的理儿貌似是对的。

把"健康、环境、传播"联系在一起，弥补了我职业生涯的遗憾。环保是我从事多年的职业，但最大的遗憾是不能说也不敢说健康。因为改善环境本来是为了人的健康，可由于行政职能的分工，健康问题归卫生部门管，他们跟我碰到的是同样的困惑。健康与环境都是专业性很强的工作，要让公众参与就得让公众了解，所以还必须加上有效的传播。

对于不同行业的朋友，把环境换成你从事的专业，把健康换成相邻的专业，再加上传播，也许可以作为一种事业路径选择上的参考。

想学习新媒体的，我送六句话：

❖ 新媒体是常设的发布厅、双向的发布会。

❖ 健康、环境与传播让职业没有遗憾。

❖ 必须为公众提供有效的环境信息服务。

❖ 微博、微信必须坚持"三好"：内容好、文字好、图片好。

❖ 多说"人话"、少说"官话"是本领。

❖ 讲故事是传播的最高境界。

媒体报道

织好"围脖"促进环保

《思想政治工作研究》　2012 年 3 期

杜少中，北京市环境保护局巡视员。以"巴松狼王"为名，在新浪网开通了个人微博，目前已发微博 700 多条，拥有粉丝 50 万。在 2011 年人民网舆情监测室、新浪微博评选的"中国十大官员微博""年度政务微博"中，均列第十位。

"我，土著北京人，草根公务员，在新浪写微博至今整一年。新浪是大平台，环保是大主题，有幸和众多博友在这儿相识。我愿意为生我养我的城市奉献微薄之力，更愿意为南来北往关心、关注北京的人织好'围脖'。让生活更温暖，环境更美好。"——@巴松狼王

成熟理性对网言　开放心态用微博

在新浪开设微博一年多，我最深的体会就是，互联网特别是微博，有其特定的语言特点和传播路径，必须积极调整自己的语态和心态，适应微博文化。只有充分适应，深入了解其中的规律，才能积极主动地引导舆论走向。

微博语言以负面和冲突为特点，微博互动经常是在"唇枪舌剑"中完成的。在这样一个话语环境中，加"V"认证的官员甚至可能是舆论弱者。微博上骂"官"似乎成为时尚，尤其是年轻人，如果说"官"的好话，会被人说成是"装"。作为一个官员，面临这样的语言环境，如果语态不转变，就玩不转。我的微博"建设宜居城市，对污染源必须加强监管"被网友认为是"官话"。

后来我在微博上给正在开展的"多部门联合环境检查"提供线索，加配图片反映天通苑附近施工污染的问题，被网友们大量转发，有的网站还专门对此进行了报道。对此我的感受是，微博内容必须符合网络语态才能收到良好的效果。但是对微博的语态也要有个全面的认识，既要适应也不能完全迁就。我曾对媒体说过：是官员但不能居高临下，是公仆也不能低三下四。特别是微博交流，讲究的就是一个心诚、一个平等。谁要是信口胡说，我也"拍砖"，当然得值得，出脏口的一概不理。这儿说环保及感悟，咱也"非诚勿扰"。

　　我对微博的看法经历了从相对轻松尝试到多角度反复体验，再到不断深入认识的过程，最终我把微博定位为：与社会及时沟通交流的工具和完整表达看法的自媒体。开微博两个月后，我写道："微博好处不少：倡节俭，治臃风，话只许简不许繁。及时沟通，方便交流。官气不好使，多哼哈两声，容量没了，板砖过来了。不过博友们滴（的）脾气也不能都太暴，不然谁还敢上来呀？为了更温暖，和谐织'围脖'。"之前，虽然也经受了个别人的质询，但总体上说，我使用微博的体验还是以轻松体味、愉快交流为主的。

零敲碎打挤时间　推动工作用微博

　　尽管环保局的工作非常紧张，但是一年来我一直坚持更新和维护微博，主要是出于三点考虑：一是北京市和环保部都有相关要求，要建立网络发言人制度，提高信息的传播能力，扩大环境信息的覆盖面；二是微博是传统新闻发布的继续，是常设的发布厅，是双向多维的发布会，是信息实时发布的有效渠道；三是微博是环保工作深入开展的需要，环保工作需要动员公众参与，公众也需要及时了解更多的环境信息。开微博是网络日益深入社会生活、网络力量越来越不容忽视的形势下，进行科学有效传播的重要措施。要达成这样三个共识：一是作为思想文化传播的阵地，不能随便放弃，要有效占领；二是网络环境也要进行有力保护，像保护水环境一样，主要措施是加清水稀释和有针对性地治理；三是要匹配现行社会分工，按领域落实责任，网上也要实行谁的事谁管的制度。

　　开微博是要占用一定时间的。我在开微博之初主要用的是挤出来的零碎时间，后来，当我逐渐把微博作为推动工作的一个渠道时，也就投入了一定数量的工作时间，但用微博交流的大量时间还是晚上。我曾经写过这样一条微博："当微博还是占用精力的一种付出时，你会给自己贴上一个标签：微博控。当微博已成为沟通交流的工具、完整表明观点看法的自媒体时，你会把这个标签改为：控微博。微博在你手里，'童鞋'在你心里。"

增加半径扩影响　以我为主导舆论

微博扩大了我的交流和工作半径，也扩大了北京环保工作的影响。一年多，我发布原创微博 700 多条，@到我的微博有 3.6 万条，对我微博的评论有 1.19 万条，我回复的评论有 2 600 多条，私信共 900 多封。我和不少人通过微博进行了深度交流，与多人成为可以打电话和见面交流的博友。过去我觉得最不靠谱的事就是见网友，现在我经常见网友，有时见的动静还很大。比如和地产商潘石屹见面的事就被媒体和网友们放大成"口水战""相见一笑泯恩仇"。正是这样的交流让大家进一步了解了环保，了解了这些年来北京在大气污染防治上所做的努力，同时也广泛听取了民意，改进了我们的工作，让我们的措施接了地气。

微博要像新闻发布一样，坚持"以我为主"，努力引导和影响舆论。在写微博的过程中，不管语言怎么变化，心里始终装着自己要说的"主信息"，千方百计也要把它说出去。在实践中尝试把传播学中的"议程设置"引入微博。比如，前不久我以广播里听到的有人议论废旧电池处理为线索发了三条微博：一条提出了问题；一条收窄了讨论范围；一条做出了基本结论。这三条微博都引起了博友们的关注，其中一条微博被网友快速转发 1 500 多次，评论 300多条。这一现象同样引起了媒体的关注，《北京青年报》刊发报道《杜少中：废旧电池可填埋不会造成污染》，并被新华网、千龙网等多家主流新闻网站转载，起到了较好的环保科普作用。

小小微博应挑战　解决问题顺关系

"环境污染治理"是环保官员微博的必然主题。在我的微博上有关空气质量的讨论从来就没间断过，最经典的当然是关于 PM 2.5 的讨论。对此，我从始至终以一种积极的态度应对，有针对性地回答各种相关问题。并通过其他媒体、各种会议、讲堂宣传介绍环保知识，介绍北京环保以及污染防治的进展。为了系统地呈现观点，我在中国环境网的"巴松狼王"专栏中发表了两篇文章——《公众参与是改善环境质量的"墙大冻梨"》《关注 PM 2.5 更应该重视污染减排》，并链接到我的微博里，让博友们比较全面地了解监测与减排的关系以及其他相关的环保知识。

"受理举报投诉"是对政务微博的经常性挑战。一方面要把接受投诉举报当成为市民服务的渠道，积极接受，努力办理。去年 5 月，北京通州一小区居民通过微博投诉周边工厂污染扰民的问题，我在接到举报的第一时间和举报人取得了联系，出差返京后三次实地察看，"夜会"居民和周边企业负责人，与网民互动，与传统媒体配合，与当地环保部门一起协调处理问题，解决投诉，化解危机。另一方面还要引导投诉举报进入正常的工作渠道。我在微博中表达了这样的观点："没错！微博是一个很好的沟通交流的渠道，但它不是主渠道，最起码不是办事的主渠道，必须充分发挥原有机制的作用，希望通过微博的促进让它更'给力'！谢谢大家，拜托大家！"

"微博是正餐，涉及政治、经济、社会；微博也是快餐，信息鲜活、便捷、快速有效；微博还可以是茶歇，可以休憩，可以补充，还可以交流；微博又是夜宵，是忙碌后的轻松，匆忙后的凝神，明天前的准备。微博还是什么？总之，这儿有无数聊友，这儿有无限空间，这儿有无尽情结。"微博短短140字中有大世界，更有问政于民、服务大局的大学问。我还会在这条路上继续走下去，与大家共勉。

媒体报道

环保"麦霸"杜少中：我从来不说瞎话

财新网　2012 年 3 月 20 日　崔筝

杜少中卸任了。2012 年 2 月 10 日，北京市政府公布的一份人事任免名单上，他名列其中。这位曾入选"全国十大公务人员微博"的网络红人，在卸任北京市环保局副局长一职的同时，也离开了首任环保局新闻发言人的岗位。

卸任消息正式公布当天，杜少中发了一条微博，算是对自己的一个总结："麦霸八年（指面对麦克风担任新闻发言人八年），功过已成昨日，环保生涯努力仍无竟期。"

在杜少中这八年发言人任期内，北京市的环保答卷成绩让人心中五味杂陈。以空气污染治理为例，机动车和油品标准从"国 I"提升到"国 IV"，但全市机动车总量也从 200 万飙升至 500 万辆以上。北京的"蓝天"天数越来越多，但公众对空气质量的质疑也越来越强烈。

杜少中自称经历过两个"奥运年"——2008 年北京奥运会，"一年接受 1 400 人次外国记者采访"，那时外国记者最关心 PM 2.5，也就是空气中粒径小于 2.5 微米的颗粒污染物；最近一段时间，则相当于他的第二个"奥运年"，因为全国上下或者说"自家人"也在关注 PM 2.5。

杜少中似乎从未打算做一个低调中庸的官员，他的"雷人语录"在网络上广为流传。新闻发言人任上，他屡屡语出惊人："公布 PM 2.5 意义不大。""北京的空气质量压根儿就没达标过。"卸任后，他又表示："2030 年北京的空气要能达标，真的算是奇迹，那就是中国创造的奇迹。"

"麦霸局长"前传

杜少中的职业生涯始于首钢集团的轧钢车间，从工人到团委书记，他在首钢工作了 11 年。之后，他在中共北京市委工作了 19 年，2000 年进入北京市环保局。他戏称，进环保局之前，自己是"环保盲"，但"也算是了解一点环保，毕竟在污染企业工作过嘛"。

从 2003 年起，副局长杜少中兼任北京市环保局第一任新闻发言人，开始站到麦克风前。发言人任期的前四年，他像那些中规中矩的宣传官员一样，开新闻发布会，接受主流报纸采访。有所区别的是，他态度更开放，与许多记者关系很好，与民间组织联系紧密。

2006年5月，杜少中联合8个民间环保组织和京城112个车友会，倡议"每月少开一天车"活动。活动当天，他从家里出发，步行6公里上班。

直到今天，杜少中仍在不停地呼吁少开车，并时常步行上班。"很多人都看不起这个活动，包括一些领导和我们某些市民。"杜少中说，"其实这项措施才是根本措施，如果大家觉得自己的命重要，那就少开车。"

6年之后，北京市机动车总量飙升至500万辆以上。当年"每周少开一天车"的自愿性倡议，已经在巨大的交通压力下，演变成"每周限号一天"的行政强制措施。

杜少中任职初期，环保在媒体上还算是边缘话题。他说任职前四年与媒体打交道属于"买方市场"，因为总是得"追着媒体要求报道"，甚至通过市委宣传部的朋友请来记者报道污染问题，且接待规格甚高。中午请吃饭，并报销来回打车费，费尽心思，才在报纸上"发了小小的一块"。

不仅媒体不爱理睬，当时北京污染企业也比现在"牛气"很多。担任新闻发言人的同时，杜少中主管环境监察、机动车污染防治等业务工作。

一天，他到一个工地检查扬尘。"工地负责人说：'我怎么了？'我说：'你们扬尘。'他说：'你见过不扬尘的工地吗？不扬尘还叫工地吗？'理直气壮。你问问，现在就算是你们（媒体记者）去，哪个工地负责人还敢说这话？"

杜少中说，自己是个倔脾气。最后，他出了一招下策，把自己的车停在工地门口，像访民一样把路堵了，工地大车无法进出，工地负责人犯了难，这才去找领导调解矛盾。

"我来环保局之前，不就是管信访的嘛！"杜少中嘿嘿一笑。

走向聚光灯

杜少中讲话有浓重的北京口音，抑扬顿挫，条理清晰，偶尔讲个故事岔开话题，活跃气氛，但最后一句话总能回到最初的问题上。

他非常在意个人形象。2011年12月，财新《中国改革》杂志与某微博共同主办"新媒体、新治道"2011政务微博年度高峰论坛，杜少中讲得兴起，瞪大了眼睛，一手指向前方，这个样子正好被抓拍下来。

"流传广泛啊！现在说我不好的文章就配上这张图。"杜少中很无奈，"张牙舞爪的，我有这么难看吗？"

在新闻发布会上，杜少中总是西装笔挺。临近节日，他有时还特意换上传统的对襟大褂接受外国记者采访。

2008年奥运会的前半年，外国记者就北京的空气质量问题向他提问。在很多新闻图片上，人高马大的外国记者围成一圈站着，所有的话筒、摄像机都对准他。

"北京完全可以保证奥运会期间空气质量良好。"那一年，他接受了上千位外国记者的采访，这句话也重复了无数次。北京市在七年中投入了1 400多亿元，奥运期间一半车辆停驶，周围省市大量工厂停工，加上天公作美，最终换来了半个月澄澈的蓝天。

到了2011年，杜少中再次站上了舆论的风口浪尖。在全民追问PM2.5的大讨论中，他通过媒体、微博频频发声，在新闻发布会上，"长枪短炮"再次集中指向他。

"PM2.5的事，奥运会之前都是外国人问我，激烈程度和现在一样，但当时中国人不理我。2008年那时候有个法新社记者，是个老头，见了我三次，每次都问PM2.5的事，被我私下起了个名，就叫PM2.5。"杜少中说。那时中国记者对PM2.5还很陌生。

2011年，PM2.5话题在中国被重新引爆。杜少中说，给中国人解释空气污染更加困难，因为外国人只在奥运会期间短暂停留，而中国人生活在其中。"和奥运之前说的内容几乎完全一样，只不过对象不同，而且讲得更深入，因为涉及我们切身利益的问题。"

杜少中的一些言论，诸如"公布PM2.5意义不大"，一度成为各媒体跳跃的大标题。他的说法是："就好像你发烧了，是需要一个更精确的体温表，告诉你是39.2℃或者38.9℃，还是需要退烧药？——你会选退烧药。"

他在各种场合强调北京环境改善的成绩时，会像相声演员一样流利吐出一连串数字：

"1998年，空气只有100天达标，污染比现在要严重得多，一个采暖季的134天中，106天二氧化硫超标，空气中煤烟味非常重。然后我们紧急采取200多项措施，空气质量逐渐提高。"

"2009年到2010年，淘汰15.6万辆黄标车。淘汰一辆黄标车，能进20多辆'国Ⅳ'的车。2011年，我们又淘汰20多万辆'国Ⅰ''国Ⅱ'的车。"

杜少中认为，自己"新闻发言人当八年还没有趴下"，并非因为巧舌如簧，会编瞎话忽悠人。他表示，新闻发言人的根本技巧是，要熟悉所说的领域，不能不懂装懂，更不能忽悠别人，"我说过，我可以不说，可以少说，但从来不说瞎话"。

"狼王"爆红

2011年12月，人民网舆情监测室（微博）评出"全国十大公务人员微博"，杜少中榜上有名。在被认证的微博上，他化身"巴松狼王"，关注他的粉丝超过了55万。

"巴松狼王"的第一条微博发于2011年1月5日，那天他和环保局宣传部门的同事去已经停产的首钢拍资料，顺便见了老朋友。

起初，杜少中在微博中转些搞笑段子和自己拍的风景图片，后来，他开始在网上接受群众投诉，回答各方质疑，并附上自己写的文章链接做环保科普之用。

每当北京空气质量变差，他便成了众矢之的。这时杜少中也在微博上为自己辩护。他觉得，自国内民众开始讨论PM2.5以来，微博对于新闻发言人逐渐重要起来，许多被媒体在报道中有意无意删掉的内容，可以通过微博这种最直接的方式到达受众。

杜少中作为微博名人，出席了2012年初的某微博盛典。据他说，编剧宁财神见到他，第一句话说："哦，我认识！你就是那个不承认北京有空气污染的局长！"

"媒体干了一件坏事。"杜少中说，"他们总采用我说空气质量好的那一段，因为采访的其他很多人都说不好，为了防止报道一边倒，他们就把我揪出来说空气质量好。"

常年和媒体打交道，他也将胸中怨气写成微博："你不喜欢，也得忍受不做功课的记者采访，他们写出的东西往往让你啼笑皆非；你不愿意，也得忍受'标题党'的折磨——也好，很多原来神圣的不再神圣，给了自媒体发展的空间！"

微博时代，杜少中常常告诉要采访他的记者直接去看他的微博。"中央电视台觉得受了奇耻大辱。"杜少中笑道，"我说，该说的都说了，说的都在微博上，你要是断章取义，扒错了，我就告诉你错了。我觉得，这个对新闻发言人是一种解脱。"

但前提是，杜少中发一条微博，都以新闻发布的标准来检查事实，并保证，"我的微博，一条不删"。

他说自己卸任后会继续写微博、说环保。再过两年，从如今的环保局巡视员任上退休了，没准也组建个NGO（非政府组织）。

媒体报道

微博时代的"电子政府"
——政务微博在改变什么

《今传媒》 2012 年 6 期 唐柳晴

本研究使用内容分析研究方法，对"中国国际救援队""广州公安""成都发布"三个政府机构微博和朱永新、陈士渠、杜少中三个个人公务人员微博在一周内的使用情况进行抽样分析，旨在探究中国政务微博在经历一年的摸索后所呈现出的基本特征，以及政务微博对中国政治传播的影响，并指出政务微博未来发展中存在的主要问题。

"巴松狼王"是北京市环保局副局长杜少中的微博，注册于 2011 年 1 月 4 日。截至 2011 年 12 月 23 日，杜少中共发布了 642 条微博，拥有 166 632 名"粉丝"。在 12 月的第一周，他一共发布了 23 条微博，获得 683 条转发和 669 条评论，平均每条微博获得约 29 条评论，互动率为 73.91%。杜少中被媒体称赞"与网友的沟通沉着坦诚"。一周内，杜少中个人微博主要内容分布为：发布工作信息；回复关于 PM2.5 的质疑；与网民互动，讨论关于减少机动车污染的问题；对即将出台的标准征求网民意见，例如发布"北京第五阶段车用汽、柴油地方标准"网络征求意见稿，征求网民意见；发表个人对微博、工作等的看法。

政务微博正在改变信息传播方式。长久以来，公众都是通过传统媒体"聆听"来自政府的信息。这种传统的"一对多"的大众媒体传播模式使得公众处于被动的"聆听"的角色，公众与政府部门以及公务人员之间没有对话和互动的渠道。而政务微博提供了让公众直接与政府对话的机会，实现了"点对点"和"多对多"的传播模式。

政务微博的出现极大地丰富了政府"纳言"的渠道。政府和公务人员通过"聆听"微博上不同的声音增加了对公众需求的了解，并据此及时调整相关政策，使政策制定更合理的同时，促进了政府和公众之间的相互理解。公众参与政务微博交流对相关政策制定产生影响，会使公众确信自己的参与是有效的，这不仅会提升公众的参与度，而且会极大地提升公众对政策的认同度。政务微博正在成为政府日常工作的一部分。分析数据清晰地显示，大部分政务微博的发布时间集中于 8：00 至 18：00，这也是政府部门的正常工作时间。发布微博和与网民互动，掌握网络舆情已成为政府日常工作的一部分。政府部门和公务人员利用微博宣传工作成果、提供社会服务、通知重要事项、搜集线索、辟谣等，将政府职能拓展到网络空间，形成一个新的"开放的政府"，即所谓的"电子政府"。"电子政府"正逐步成为政府的有机组成部分，发挥着不可替代的作用。

微博创建了公众参政议政的新途径，公众可以更多地参与到政策制定的过程中。从"巴松狼王"发布的"北京第五阶段车用汽、柴油地方标准"网络征求意见微博到朱永新微博发起的"你认为 2011 年最重要的教育事件"的问题调查，都为网民提供了参政议政的机会。但是这只是公众参与政务决策的开始。以杜少中微博的"北京第五阶段车用汽、柴油地方标准"网络征求意见为例，27 条评论中大部分都是"支持""我不知道"等无意义的回复，没有针对标准的实质性意见。

政务微博带来了政府部门和公务人员从语态到心态的改变。正如《人民日报》所说，政务微博正在学习如何更好地与网民进行交流。虽然一些政务微博中的"官话""套话""悍语"的问题时有发生，但是大部分政务微博正在使用更加口语化、网络化的语言。"童鞋""亲"等经典网络用词已成为部分政务微博的习惯用语。官博开始抛开"官威"同网民平等对话。而更重要的是，在这个过程中政府部门和公务人员对待网民和公众心态发生了转变。政务微博为公务人员和公众提供了发表不同意见的平台，有助于释放社会焦虑。……同时，批评性评论也开始成为政务微博不可缺少的一部分，而政府也开始学着用更加诚恳的态度来面对公众的批评性言论。政务微博提供了问政的平台。公众通过政务微博这个平台监督政府和官员个人，政府和公务人员的责任感得到提升。

…………

受传统文化影响，我国公众长久以来习惯了"听"和"看"，而不是"说"。体现在微博空间，就是"粉丝"数和转发跟帖数之间的巨大差距。因此，如何让更多的人更好地参与到网络政治交流中是政务微博未来发展中需要考虑的问题。政务微博虽然提供了政府和公众之间直接交流的平台，但是就如文中分析提到的，究竟有多少交流是有实际意义的？如何开展有实际意义的交流，从而让微博问政、微博参政议政不流于形式，也是政务微博未来发展中需要考虑的问题。政务微博增加了政府的外延度和透明度。"外延度"是政府告诉公众它想告诉的，而"透明度"是政府提供公众本身想知道的。

在政治交流过程中，外延度和透明度是无法严格区分的，它们都不同程度地增强了政府的责任感。但是如何测定什么是公众想知道的，从而有效提高政府的"透明度"，将是政务微博发展的重要问题。

2011 年，中国政务微博刚刚起步，大量的政府机构和公务人员对微博在发布政务信息、提供社会服务、创新社会管理模式、直接与公众交流互动等方面进行了有益的尝试。政务微博正在改变中国社会的政治传播模式，在改变政府和公众之间的对话格局。政府如何学会聆听并发现公众的真正需求，如何开展有实际意义的交流，如何使更多的民众参与到对话中来仍旧是政务微博未来发展中主要的三个问题。面对微博这个新的传播互动平台，无论是政府、公务人员还是普通民众都需要学习。

（本文为节选）

网络发言需要态度鲜明

巴松狼王：

　　1975.8.28—2015.8.28，入党40周年，自己纪念一下。欢迎点赞，笑对拍砖！（2015-08-28）

巴松狼王：

　　昨天入党40周年，发了党徽自己纪念一下，也是想看看博友们的态度，特别是在微博里。有人说我胆大惹事儿，结果比想象得好，微博、微信各收到300多个赞，微信里还有手工点的300多，微博里更多些。我就是想告诉大家，别信那些"喷子"的，爱党爱国，希望党旗、党徽、国旗不褪色的是大多数。谢谢朋友们。（下页图是微信的300多个赞）（2015-08-29）

　　网友互动：

　　老左识途：向40年党龄的狼王致敬！

　　朱继东：【真正的共产党人应该亮出自己的党员身份】我一直呼吁应该全面推行党员挂牌制度，无论是在哪里，让大家知道你是共产党员，自愿接受监督！这既是对自己的约束、加压，也是对党和人民的承诺！

你能做到吗？希望每个人从自己做起！

姚佳易 FIRE：党龄只有你的十分之一……想起很小的时候，看着爷爷都退休了还每个月跑到单位交党费，那是最初接触党。

广安门外：向敢于在微博里旗帜鲜明地亮出自己党员身份并勇于与不当言论作斗争的党员同志致敬！

狼王手记

西柏坡的"风水"好在哪儿?

多元是今天文化的一个主要特点,包括对任何一件事的解读。西柏坡是中国革命的圣地之一,有一种评价说这里的"风水"好,想做成点事必须得去沾沾那里的仙气儿,就像很多司机把毛主席的像挂在自己爱车的挡风玻璃前。当然这里有崇敬,也有各种朴素的感情寄托。其实,这些不说,单就"新中国从这里走来"这个历史事实看,西柏坡的"风水"确实不错,一群志士仁人带着一股全然不同于旧世界的新风,在这里从胜利走向胜利。

中共中央从延安进驻华北,为什么选择西柏坡?据介绍就是三个考虑:群众基础稳固、地形有利安全、经济条件较好。没去过西柏坡的人,猜想它是个城市,起码是个有规模的镇子,其实它就是一个只有百十来户人家的小山村。西柏坡位于河北省石家庄市平山县中部,滹沱河北岸的柏坡岭下,滹沱河擦村而过,两岸滩地肥美,稻麦两熟,这一带曾被聂荣臻元帅誉为"晋察冀边区的乌克兰"。几天前我去西柏坡参观学习,又一次实地感受了这个华北山村的魅力。

中共中央在西柏坡驻军时间不到两年，毛主席在西柏坡住了将近 10 个月。1947 年 5 月，刘少奇、朱德、董必武等率中央工委先期进驻，1949 年 3 月 23 日，中共中央、中国人民解放军总部离开西柏坡迁往北平。在此期间，为新中国成立做了各项准备。然后用毛主席的话说就"进京赶考"了，那时就向全党发出了不要像李自成一样被退回来的告诫。所以，从本质上说，今天每一个曾经是共产党员的贪污腐败分子，不是完全忘记了这一告诫，就是明知故犯。

中共中央在这里指挥了世界上最著名的系列战役之一，也就是解放战争中为新中国成立奠定了基础的三大战役。在只有四五十平方米的中央军委作战室里，人们问：三大战役是怎么指挥打胜的？讲解员用周恩来的话说：西柏坡不发人，不发粮，也不发枪，只发电报。而且大多数都是毛主席亲自起草的，最高级别的电报是授权：临机处置，不要请示。同一时期蒋介石在干什么？坐着飞机到处救火。结果，一方胜利了，一方失败了。结论：公信力。时尚评论：人品！

这里所说的公信力，首先源自人们对一种信念的坚守，对党和人民领袖毛泽东主席的信任，一封封电报对战事做着部署，同时也统一着全党、全军、全国人民的思想。陈毅元帅说，解放战争的胜利是人民用小推车推出来的。如果没有信念、信任，很难相信能聚集起如此巨大的物质力量。其次源自共产党人的前仆后继，人民群众的奋力支持。今天我们说话，无论在台上还是台下，也无论是网上还是网下，首先自己要信，然后才有可能让别人信，自己不信的话，别人怎么会信？言论和行动要一致，"己所不欲，勿施于人"，自己不做也不能指望别人做。

西柏坡为新中国成立做的最后重要的准备是思想准备，标志性的是召开了中共七届二中全会。毛泽东同志发表了"两个务必"的著名论断："夺取全国胜利，这只是万里长征走完了第一步，以后的路程更长，工作更伟大，更艰苦。务必使同志们继续地保持谦虚、谨慎、不骄不躁的作风，务必使同志们继续地保持艰苦奋斗的作风。"根据毛泽东的提议全会还作出了六条重要廉洁规定："不做寿，不送礼，少敬酒，少拍掌，不以人名作地名，不要把中国同志同马恩列斯平列。"今天我们也有了新的八项规定。

到西柏坡参观多次，每一次感受都不一样。有这种体验的不止我一个人。我发微博谈去西柏坡的感想，有网友回复说，应该让所有的党员、领导干部都到西柏坡看一看，好好感受一下。但可惜的是很多人信念变了，说"我们是共产主义接班人"是他听到的最大的谎言。这种说法实在是荒唐，只要是思维正常的人，谁不知道信念就是一种追求。说透了，是一些人入党沾光可以，有约束要奉献就后悔了，西柏坡从心里不想去看了，有的去了看了也只是为沾光，看了也白看。

这次到西柏坡，还一个突出的印象是，蓝天白云映衬下的红色圣地，格外光彩夺目，也许可以说它预示着国运昌盛。当然我们也知道，这是河北最近下大力气治理环境的结果。两年前，我应邀到河北省直机关做领导干部媒介素养的培训，学员们对大气污染提出各种问题不说，半天课下来，我感到呼吸困难，在回北京的半路才喘匀那口气。当时想看到蓝天白云，真是一种奢望。可是"庄里"（石家庄人对自己的戏称、谦称）的人说污染是常事，现在还是同一个"庄里"人说，今年以来这样的"蓝天"已经有二十多个了。

当年西柏坡的人们指挥的是充满硝烟的战争，今天西柏坡的传人们，正指挥着一场没有硝烟的战争，无论从艰难程度还是从世人瞩目的程度看，都一样是艰苦卓绝的。要想取得胜利，信念是一定要坚守的，西柏坡的"风水"只能向好变不能向坏变。

今天是建党九十五周年前夕，在这样一个特殊的日子里，面对微博里众多的朋友，我的心情很不平静。作为一个有四十多年党龄的共产党员，我喜欢"坚守信念"这样一个题目。我们是共产主义接班人就是我们永恒的信念。不管我们面前出现了多么复杂的情况，碰到了什么样的困难，这个信念不能动摇，不仅我们自己不能动摇，还要通过我们的言行让更多的人有这样的信念，坚定这样的信念。

同时，作为一个有二十多年网龄，在微博里摸爬滚打五年多的网民，我喜欢微博，特别是新浪微博，这里有三亿多网友，他们都可以是我的朋友，我必须有这样的胸怀，因为他们跟我一样，是实现中国梦的有生力量。当然，我还是一个环保工作者，环保需要广泛的公众参与，哪儿人多去哪儿，哪儿问题多去哪儿，是我们必须遵循的一个原则。坚持跟大家互动，跟大家一起直面问题，解决问题，直面困难，克服困难，共同推动美丽中国建设，这是我永远的本分。

在这样一个庄严的日子里，写这篇文字是纪念也是宣誓，不能辜负这个时代，不能辜负广大网友，不能辜负中国共产党党员这个光荣的身份。

第二部分

怎样和媒体打交道？

狼王手记

留下开放的第一印象

平时做交流、讲课的时候，我总是把自己所有的联系方式放在标题之后的第一页幻灯片里，这是当新闻发言人时候留下的一个习惯。

这个习惯是让我受了益的。2006 年夏天，北京奥运会筹备进入了关键阶段，为了让外界更好地了解开放的北京，市里请公关公司策划几个热点部门的新闻发言人和境外媒体见面。那天下午来了二十多家境外主流媒体，一进门组织者就跟我打招呼说，今天来的媒体非常关心北京环保，都准备向您提出问题。一听确实有点紧张，看来今天下午大家要给我开会了。会议开始，按规则每位发言人用 5 分钟时间介绍情况，然后就是媒体提问时间。我被安排在第一个发言，用了 3 分钟多的时间，做完规定动作。接着我说，时间有限，我只能就北京为奥运会做的环境保障做这样一个简要介绍，不过好在我们还有多种方式可以用于交流，我的联系方式包括北京市环保局新闻发言人值班电话（24 小时有人值守），还有邮箱、网站，都可以随时跟大家联系。还强调说，我这个人没有什么成绩，但我从来没有拒绝过一家媒体采访，除非你自己改变主意了。几位新闻发言人发言结束后，提问一个接一个，都是提给其他人的，直到最后才有一位记者向我提了一个很轻松的话题，两个多小时的见面会就结束了。我心里在想：难道是"情报"有误？怎么没什么人给我提问题？不管怎么说，"以逸待劳"了一下午，快撤。快走出会议厅的时候，组织者追上我说，杜局长，今天大家对您的印象很好，说您最开放。啊，恍然大悟！原来新闻发言人可以这样"化险为夷"。也是啊，既然可以随时逮着你，那就先紧着会散了就找不着的人提问吧。当然会上没有提问题不等于没事儿了，只是当时的强度减弱了，可以让我在之后更多的时间里从容应对。

狼王手记

媒体是对手吗?

　　长期站在新闻发言人的位置上,让我能够反复体会新闻发言人与媒体的关系。在新闻发言人眼里媒体到底是什么?是敌人?对手?合作伙伴?"从来不接受采访,不和媒体打交道"是一种荣耀吗?

　　直到 2013 年底,我还听到过一个权威部门的官员高挑大拇指十分神气地说:"我从来不接受采访,不和媒体打交道。"然而今天,无数个事实证明这种想法和做法是错得不能再错了。

巴松狼王:

　　又说新闻发言人跟媒体的关系。就像油炸大麻花,两根面得一边长,一长一短信息就不对称了;得紧紧拧在一起,一根不合作两根都不好过;还要放油锅里炸,火小了不行,火大了就有倒霉的了。要说麻花又好看又好吃还得是天津十八街的,新闻发言人培训班每人发一根尝尝,体会下哈。(2012-08-28)

网友互动:

君子之交淡如水 ABC: 您不愧为北京人啊!说话就是幽默! 😄

赵小怡: 刚吃过十八街麻花就看到这条微博。😊

杨明森: 狼王所言极是。

乐乐真好:这都是被油炸过无数遍的人才能说得出来的话。😀

一苇所如＿8v5:既要平等合作,更要激情碰撞;既要温和有礼,更要擦出火花。新闻发言人和记者不是朋友,而是惺惺相惜的对手。世上没有永恒的敌人,只有永恒的利益!对于环境而言,环境质量就是彼此共同的利益!

巴松狼王:

　　回复@一苇所如＿8v5:总结得不错,如果这书(《微薄之力在微博》)再版,一定把你的话收进来,只是不一定了哈。

贾峰:2009年我们举办首期全国环境新闻发言人培训时,狼王就是座上宾。几年来,狼王没咋变,台下的听众变化也不大。但,其坚守和分享的内容却更为丰富和深入,颇受大家欢迎,本人亦受用匪浅。

晏姿:狼王就是油炸大麻花!

巴松狼王:

　　又有朋友跟我讨论,为什么信息总是不对称,到底谁之过?其实,看现象找责任并不难:一、缺乏负责、权威的声音;二、缺乏及时科普和有效传播。就是该说的不说,蒙事儿的瞎说。一旦"摊上大事儿了",出来说话的横竖听着就一句:"这事儿不赖我!"😱 @董关鹏@真老顽童(2013-02-27)

北京朝阳:巴松狼王,您好,您的留言我们已收悉,我们会及时将您所关注的问题派遣至相关部门进行受理,并在第一时间将处理结果回复给您。感谢您对朝阳区城市环境问题的关注!

政务微博观察回复@北京朝阳:问题虽小,却是很好的问政互动动作,凸显的是"积极回应社会关切"的意义。为何不转发出去呢?😷

九三朱良:政府部门总想说"不赖我这个部门",但又不敢说"赖他那个部门"。老百姓只要听一句:赖谁?所以发言人就经常洋洋洒洒一堆话,最后惹一身骚。注:杜发言人除外。😊

巴松狼王:

回复@九三朱良:老朱又调侃我,下台了都没除外,坚持是最好的除骚剂。😊

童庆安:有了压力时,该坚持的原则和科学理性也不要了,盲目迎合民意,先把事抹平了再说,这种做法往往留下后患。

巴松狼王:

回复@童庆安:真理不怕坚持!

在家里挺好:社会进步已达到啥都可问的程度,发言人还不能做到什么都说。相当一部分人也不是什么都知道,包括说的和听的。不对称不是根本,而是缺乏设身处地。😶

何春银微想:"信息不对称"是:上下不信任,左右不服气,领导不满意,群众有意见,自己很辛苦,别人看笑话,出事担责任,想想就害怕。信息不对称是绝对的,信息对称是相对的。信息唯一且公开、共享,一切问题就OK。

狼王手记

善 待 媒 体

巴松狼王:

　　新闻发言人和媒体的关系,说到底是新闻发言人所代表的机构和公众的关系。如果不知道公众想得到什么、应该得到什么,就协调不好和媒体的关系。微博也是媒体,是一个可以交流互动的媒体,是一个可以把信息直达公众的媒体。要善待、用好每一个媒体,包括微博这个"自媒体"。(2012-04-07)

　　网友互动:

　　何春银微想: 微博是每一个人的"新华社"。众所周知,新华社只有一个,发神圣的通稿。微博这个"新华社",同样了不起,是群众视角,生动活泼、有血有肉、非常感人、实时通稿、实况转播。可以说,是当下最大的第一互式媒体。这个"新华社"是每个人用良心书写着的自己的人生感悟。当好自己微博的新闻发言人。

　　时尚经典咖啡: 要是媒体都能说一些接地气的话,那它就一定受欢迎。

　　吉小樱: 对媒体来说,善待、用好每一个新闻发言人,同样会有好的效果。

巴松狼王:

　　无论是传统媒体还是新媒体,都是我们向公众传播信息的重要渠道,善待他们就是善待公众，也是善待我们自己。所谓善待就是：让他们随时逮得着你（手机 24 小时开机）；给时间多提问（无论发布会还是个别采访）；有问必答（特别是专业问题解释要不厌其烦）。当然，对不靠谱的媒体最好的应对是敬而远之。（2012 - 04 - 07）

网友互动：

章小八：真棒！

乳源未莲：是这个理儿！赞！

童庆安：呵呵，明白了。尤其是故意设套的媒体。

写在北京市环境保护局与新浪战略合作签约之时

我的事业现在有两大平台，就像两个家。一个在现实社会里，一个在虚拟社会中。一个以环保局为代表，一个以新浪微博为标志。今天两个家开始战略合作，作为一个环保微博人，我送几句话，略表心意。

新媒体特别是微博，与传统媒体最大的不同在于，它能及时发声，可双向互动，可对各种文件做接地气的解读，也可主动传播，进行有效科普。对新闻发言人和公众来说，它是常设的发布厅、双向的发布会。对环保工作来说，它是广泛动员公众参与的好平台。

怎么看新媒体，还有很多视角。比如对大多数人来说，新媒体的意义在于分享。微信是在朋友圈中分享，微博是在更大范围内分享。分享暴露个人品味，分享昭示社会热点。

环保是我毕生的事业，新浪微博是环保人和公众沟通交流的网上园地。2014 年我参加第一次互联网大会，有人问我来互联网大会干什么。我说：第一，环保需要最广泛的公众参与，互联网可以给大家提供这样一个平台。第二，环保需要多方合作，互联网可以给朋友们提供更多机会。第三，环保需要信息对称，互联网可以让信息不断趋向对称，让公众的知情权、参与权更好地落地。

今天环保局和新浪微博签署了战略合作协议，是一件大事好事。预祝这个合作能结出公众参与环保的丰硕成果，预祝新浪在环保系统多签几个约，预祝环保局的微博越办越火。

狼王手记

顺风车——好事办好

事件还原

2013 年 3 月"顺风车"成了社会舆论的热点。顺风车的推动者、媒体、政府部门以及社会组织的看法不同。从环保公益的角度，一些朋友想听我的意见，《北京青年报》也找我讨论这个话题。最后商定，我发一条微博，他们写一篇专访。我对这件事的点评集中在下面这张讲课用的幻灯片上。"顺风车"是我们与新老媒体互动多赢的一个案例，我在微博上分两个方面六点，充分表达了我对顺风车以及如何推动公益活动的看法。《北京青年报》则选了他们认为合适的切入点，做了采访报道。虽然我们的认识并不完全相同，特别是各自的标题，但新老媒体互动不仅提出了问题，也在一定程度上更新了人们对环保公益活动的认识。

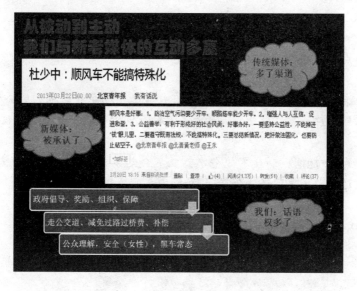

巴松狼王：

顺风车是好事：1. 防治空气污染要少开车，顺路搭车能少开车。2. 增强人与人互信，促进和谐。3. 公益善举，有利于形成好的社会风尚。好事办好：一要坚持公益性，不能掉进"钱"眼儿里。二要遵守既有法规，不能搞特殊化。三要总结新情况，把好做法固化，也要防止钻空子。@北京青年报 @北青黄老师 @王永（2013-03-20）

网友互动：

液态喇叭： 难道拼车还有错吗？

我就是不信阿东： 黑车和拼车有什么区别，又怎么去区别？是鼓励拼车毁掉租车市场好呢？还是打击黑车维护社会秩序牺牲一部分环保好呢？更何况汽车排气污染并不是拼车能解决的，之前政府还说我国汽车都达到欧 IV 标准，怎么回头把环境污染的大头算在汽车身上？治理尾气根本在于发展公共交通，发展新能源无污染汽车，提高汽车科技。

心灵手巧晏小姐： 这些话听多了，耳朵长茧子，制度出来监督制约才是真的，单是制度也没用，还要考虑如何落实，强制性在哪里。

绿行者： 推广顺风车文化，让爱心传递。环保、互信、认同，让我们乐在其中。

点点-旭旭： 还是先解决信任危机吧。

点点-旭旭： 主要问题是缺乏有效监管。提高权力机构的公信力，不是只做几件好事，就能提高的。而且缺乏问责制度，这里单指权力机构。

点点-旭旭： 制度不健全，公益不会起多大作用，就像法律不健全，光靠道德解决不了违法犯罪问题。

巴松狼王：

不多做好事，不把好事办好，信任危机能解决吗？这说的就是公益！欢迎围观、拍砖，理越辩越明，好事不怕讨论。

　　王小原：杜局说得好！搭顺风车这件事本身没有问题，问题出在人身上。"大雨事件"那么多好心人帮衬着搭车回家大家都说好，一出了搭车的负面事件就变成黑车了。车也够委屈的，就像水能浇灌万物，同样爆发起来也能摧毁家园。什么事都不能一棒子打死！

媒体报道

杜少中：顺风车不能搞特殊化

《北京青年报》　2013 年 3 月 22 日　黄建华

"顺风车"近日成为热词。19 日下午，顺风车公益基金管委会发布统一的顺风车车贴、统一的搭车手势，将顺风车向常态化推进。顺风车的四大发起人王永、赵普、郎永淳、邓飞在发布会上提出三项倡议：希望社会理解、尊重"顺风车"；希望公众支持、参与"顺风车"；希望政府鼓励、倡导"顺风车"。截至昨天，已有超过 1 000 人通过不同平台进行了实名认证，自愿参与顺风车活动，无偿搭载其他乘客。

昨天，北京环境交易所董事长杜少中在其微博"巴松狼王"上针对"顺风车"发表了自己的观点："顺风车是好事：1. 防治空气污染要少开车，顺路搭车能少开车。2. 增强人与人互信，促进和谐。3. 公益善举，有利于形成好的社会风尚。好事办好：一要坚持公益性，不能掉进'钱'眼儿里。二要遵守既有法规，不能搞特殊化。三要总结新情况，把好做法固化，也要防止钻空子。"

杜少中昨天在接受记者采访时表示，"顺风车要有生命力靠的是'雷锋'！人人都争当'雷锋'，这事就能'顺风顺水'。"他双手赞成顺风车公益基金管委会发起的这项公益行动。

杜少中表示，汽车污染不仅在北京污染源中占据着"霸主"地位，而且它是唯一在不断增加的污染源。虽然政府采取了摇号和尾号限行措施，但北京机动车 520 余万辆的保有量和将在 2016 年突破 600 万辆的现实，向所有渴望清新空气的市民提出了一个问题：我能做些什么？"为了防止空气污染而少开车，除乘坐地铁、公交之外，顺路搭车同样能实现少开车。"杜少中说。"顺风车"和 2006 年他参与发起的公益活动"少开一天车"有异曲同工之处，其具有"三自"特点，即自觉参与、自选时间和自定方式。

杜少中告诉记者，"顺风车"要办好，就要在"细节"上下功夫。首先就是要坚持公益性，参与者不能和钱挂上钩。顺风车公益基金管委会为每位顺风车车主设置公益账号不失为一个解决问题的好方法，而"捆绑式"顺风车则解决了给钱和拿钱的问题。

顺风车发起人希望政府对满载的顺风车减免高速通行费、优先使用公交车道、不受尾号限行的限制等优惠政策。杜少中认为，顺风车要遵守既有法规，不能搞特殊化。大的方面，如遇交通事故或对双方不利的事情，可通过法律法规解决，小的方面则要靠生活中的约定俗成，两方面相辅相成才能将顺风车规范在其应有的轨道中。"特殊化是不能有的，一特殊，这事儿离变味就不远了，也将失去它的意义。"

网友互动：

-文韬拍案-：来自政府的奖励，将是推动拼车常态化发展的动力！

刘小涛：其实我本人也很提倡搭顺风车，但是如果没有一个相应的保护措施我还是要考虑考虑的，毕竟现在还有相当一部分人的思想境界没到您的水平，我认为绿丝带还是要有国家和保险公司的支持！

雪菲 Fancy：可以考虑报名，但是女性有车族的安全问题，应该予以充分讨论。

铭铭自得：将资源利用最大化，既环保又承担了公共交通的压力。

李云威：如何在陌生人之间建立信任？不是顺风车的问题，是全社会的问题。公益项目"顺风车"又揭出了信任缺失的老问题。也许，在驾车者和乘车者之间，还需要一个双方都可以信赖的"朋友"。"朋友"，你在哪儿呢？

北京青联：我们社会不缺少公益善行者，缺少的是让公益善行良性运转的包容土壤与安全环境。如何才能让公益善行者不为爱心付出代价？政府应该做什么？我们每一个人应该做什么？最大的爱心不如最小的善行，你我的选择，我们的明天！行动、放弃还是反思？……

狼王手记

谁说网上打车是黑车，我跟谁急！

　　我家住在一个高架路走过的地方，过去从家出来很少打车，因为太不方便。一次打车经历让我记了好几年：那次我愣是在寒风中站了40分钟，最后还是让人接走的。可现在真是不一样了，网上可以很方便地打到车，有快车，有专车，有出租车，还能预约，并且有多个公司可以选择。车来了，里面干净，有矿泉水，司机礼貌并且一路跟你说话，从来没有碰到过不高兴的，他们说不像出租车司机，一起床就欠公司好几百，心情实在是不一样。网上打车充分满足了乘客需求，互联网给公众带来的实惠有目共睹。

　　环保意义也十分明显，一是私家车车主有了积极性，闲置的社会资源得到了充分的利用。二是每辆车每段路程都是有目的行驶，减少了因空驶造成的多余污染排放。

其实网上打车也催生着传统出租车制度的改革。现行的出租车制度，产生在计划垄断的年代。从产生到现在，公司和司机因为"份子钱"的纷争就从来没断过，而且经常是公司不让、司机不干，动辄上街了，都是政府出面以涨价、补贴调停。就这样出租车公司还一直说赔钱，司机说没得到实惠，政府就落个出钱维稳，最倒霉的还是乘客：不方便、忍气吞声是常态。政府买单就是纳税人买单，最终还是要转嫁给消费者，司机的不高兴也会转嫁给乘客。如此，网上打车简直就是乘客在漫漫长夜中看到的曙光。

可是问题来了。到现在为止，网上打的车还没摘掉"黑车"的帽子。坐上车不止一次碰到司机跟我说，如果有人查车，你可以说是朋友、邻居，就是别说网上约的。约上一辆车上机场、车站，司机常常不无愧疚地跟你说，我不能送您到下车口，那里查得紧，查着要罚两万元。

凭什么呀？因为网上打的车只有出租车完全合法，其他没牌没照，都是非法运营。既然允许大家在网上约车，你又怎能说它是非法运营？网上可以约，分明是闭上了一只眼。查着一辆罚一辆，又睁开了一只眼。执法只逮门口的，不逮路上的，还逼着司机和乘客一起编假话。再说这么逮着，是不是也太笨了点儿？你上网约，来一个罚一个不就行了？问题是为什么要跟大家作对呢？

有一回特可笑，我给一个新闻发言人培训班做点评教师。一场模拟发布会上，有记者问网上约车怎么管理。发言人说了几句如规划管理、尽快研究出台管理措施之类的话以后，强调要加强对非法运营车辆的管理，并欢迎大家举报"黑车"。点评时我说：网上打车已经是很多人乐意选择的一种出行方式，"发言人"也不例外，比如我这个前发言人。试想，你说完了上面那句举报"黑车"的话，发布会结束了，你拿起手机约了个车回家。那个车是不是就是你刚说过的"黑车"？你好意思举报吗？如果你觉得不应该举报，为什么号召大家举报？我觉得新闻发言人发言时最基本的一条，就是不能昧着良心说话，你自己都不想做的事，就别让大家做。老说自己都不信的话，公信力怎么会有？

有人说，网上约车会引起出租车司机的不满，我看未必。网上打车的出现，表面看上去是抢了出租车司机的活儿，尤其是在目前"军阀混战"的时期，但如果以互联网为基础的打车新机制全面建立，所有的出租车司机也加入了这样一种机会均等的新机制，他们在自主选择中，会得到比原来多的实惠，那他们会在意谁来当他们的"新老板"吗？事实是现在不少出租车司机退掉原有的出租车"投诚"了。明摆着，出租车司机每月得交几千元"份子钱"，每天早上一起床就欠人家好几百，你怨他态度不好，你跟他换个位置试试。而网上约的其他车就大不相同了，这些车的司机是从实际收入中按比例交税，想多挣就多出车，不高兴就不出车，心理压力小得多。

人们出行的各个方面都发生了重大的变化，用现在的话说，就是供给侧不断地改革。高铁改变了人们的生活，逼得飞机让出了一大块市场，特别是中短途。城铁、地铁丰富了城市内部的公共交通，公交车本身不仅线路增加，还增加了快速公交等，但这些无论在时间上、线路上都是满足固定需要的。而出租车则是满足不固定需求的，但它除了调点儿价之类，从来就没有过像样的改变，小公共汽车、"面的"是细分市场，可惜先天不足、时运不济。

我非常赞成发展出租车。2006 年，我推动"为首都多一个蓝天，我们每月少开一天车"环保公益活动，倡导大家多坐公交，少开私家车。无论是接受采访还是主动发表议论，对待出租车是不是也要少开的问题，我都坚持说只有各种不同出行需要都得到充分满足，少开私家车才有可能。提倡少开车，从环保的角度看，就是要减少一个人一辆车的使用频次，从而减少机动车污染。从这个意义上说，出租车属于公共交通，出租车的存在，可以为少开私家车的人提供方便，出租车不能少开。

因此，我受到了出租车司机们的欢迎。有一次，我在电台做绿色出行的节目，少不了又说到这个话题。出来打个车回单位，一上车就被刚收听广播的司机听出来了，一路夸我不说，下车时候硬是不要钱，我只能在关门的时候把车钱扔到了座位上。他还给了我一个联系电话，说以后只要您用车，我保证到。《新京报》还为此做了追踪报道。

过去我为出租车说话，今天为网上约车说话，都是为了公交体系建设，为了大家方便，为了绿色出行。本文开头说到自己方便，因为我个人的需要和大多数人的需要碰到了一起，这种体验应该是每一个决策者不可缺少的。

难在哪儿？登记注册、锁定车辆等管理措施，在互联网和相关技术手段不断发展的今天都不是问题。关键是运营车辆八年 50 万公里应报废，而网约车中有私家车，没有报废和使用年限。按理参与运营的就不能跟私家车一样了，可多数人是不同程度的忙里偷闲。按运营车管私家车不合适，按私家车管运营车不合适。难道就找不到个合理的临界点吗？比如只管 50 万公里？当然这样相关的管理机关就得辛苦点儿了，直接面对的矛盾会多一点儿。可是这样的矛盾你不想面对，你就只有与大多数人的共同需要为敌了，哪个选项更好？

说到这儿，我还是想说说绿色出行的问题。今天我们仍然要倡导少开车，但是不能靠限、罚，而应该靠完善公共交通体系，把大家吸引到公共交通体系上来。过去"少开一天车"，我能坚持，但老实说，很大程度上没办法，就个人来说，每月少开一天、少开几天，每天的工作经常换地方，时间对象都不固定，不开车的时候很不方便。但公开承诺了，就要经得住媒体和车友们的监督。然而，今天大不一样了，地铁、公交、网上约车越来越能满足大多数出行要求，从时间、经济、承重等多方面考虑，只有少数时间才需要自己开车出行。那天见到了白岩松，一见面就说起了少开车绿色出行。当年把我骑车走路上班"忽悠"给公众，他和央视的节目是"始作俑者"。他和我有着同样的想法，现在只有比较远或者拿点儿东西的时候才会开自己的车。所以，今天说"少开一天车"不全是痛苦，相对于城市堵车这种常态来说，倒是一种解脱。

我每次到中国传媒大学讲课，必坐地铁，因为能够保证一个半小时内到达。有一次我开车去了，整整走了三个小时，三节课时间晚到了一节。道歉归道歉，你要是学员，心里一定得说，这老师晚来一节课，真不靠谱。你内疚啊，毕竟让好几十人等了你几十分钟，赎不起的罪过。

大家普遍拥有私家车是一个突然爆发的过程，人们形成很好的使用习惯，需要时间也需要各种引导，人们选择步行、骑车、乘公交地铁、打车、开自己的车等，都需要根据出行距离、出行目的、带多少东西等，做出不同的选择。这不只是个人的事，也是社会的事，因为钱是你的，而环境资源是大家的。对私家车还是应该提倡理性拥有，合理使用。

网上约车是好事，不过好事一长就出事儿。一是司机变相拒载出现了，派了单不想去，不接电话，有的甚至关了手机，生生地耽误你的时间，不顾乘客利益，态度十分恶劣。二是乘客坐了车不给钱，花几块钱买个手机号，用一次就扔，每个司机手里都有坏单，大约为1%。据一些了解国外情况的朋友介绍，这种现象和这个比例实属正常，林子一大自然什么鸟儿都有。问题是我们人口基数大，绝对数就有点让人吃惊。这个必须有措施严管严惩，而且"法无定法"，还要不断改革完善，不能一颗老鼠屎坏了一锅汤。公众出行是一个很大且需求多样的市场，问题是有了这样的市场，规则就得跟上，不能闭着眼睛，装看不见，也不能看不明白的就一味禁止。请坐办公室的兄弟们出来听听，有多少人在呼吁：给网上打车开绿灯，方便可行的管理措施快点儿出台吧！

狼王手记

我和《南方周末》不打不相识

这个题目好，但也有点儿夸张。因为《南方周末》有个绿版是专门说环保的，按说跟我是天然盟友。但以前都是公事公办，印象不深。真认识还是从围绕一篇报道的"打架"开始的。那时候，形成了一种氛围，大家都拿着网上的数据和北京环保局的数据比对。一是认为官方的数据不准，甚至是故意造假。二是没有什么人真正关心污染是怎么造成的，怎么才能解决污染问题，好像只要有了监测数据就万事大吉。当然，大家为什么会相信外国人的监测数据，不说别人有什么打算，从我们自身看，问题确实存在：一是我们为公众提供的环境信息服务不好。数据公开和透明的程度，不能满足公众的需求，发布不及时，发布了不好找。二是环境科普，特别是围绕污染所做的科普不够，也没有很好地与污染源挂钩，公众弄不明白你在说什么。三是最根本的，那就是环境质量公众还不满意。这三个情况存在的时间长了，官方机构的公信力自然就差了，这就让一些另有想法的人有了机会。大家就拿那些"爆表"的信息发泄不满。

《南方周末》《我为祖国测空气》一文的题图

在这种情形下，《南方周末》的记者采写并发表了一篇文章叫《我为祖国测空气》，并配了一张招贴画做压题图。本来我也不想多说，发泄一下没什么不好，对空气质量不满意，我也想发泄。但文章明显说理性不够，说的话都似是而非，完全是情绪使然，而且还存在鼓动公众瞎花钱买仪器自己测空气的倾向，可是当时我将要卸任新闻发言人，不想再"惹事"，所以简单回了一句，说这篇文章有"文革"遗风，没有做进一步解释。他们很不爽，多次明里暗里地奚落我，我也没太在意，因为做新闻发言人跟媒体之间发生这类有待进一步沟通的事儿很正常，而且即使是充分沟通，也应该允许各自有一部分看法是不一样的，所以，偶尔被媒体"糟蹋"一下，也没什么大不了。

巴松狼王：

网上网下我都不追求没有批评者，追求的是"生态平衡"。只有生态平衡，自然、生命才能正常延续。(2012 - 05 - 27)

今天《微薄之力在微博》一书首发。我去首发式现场，潘总（潘石屹）继续调研 PM2.5，美其名曰"客串"，也可说都"不务正业"。其实这说明微博和环保都需要公众参与。我也想清楚了，人这一辈子只要有"业"可"务"，就是正业。无业可务那才"可恶"。(2012 - 05 - 27)

有人问，人追求什么样的生态平衡？简单说：有益虫也有害虫，益虫多就行，网上同理。如果你想让我举例，请你到我 5 月 27 日早上 6 点 34 分发的那条微博的评论里看看就知道了。(2012 - 05 - 28)

实话是经得住时间和事实考验的话，不要想有人看了是不是高兴，甚至是不是会骂你，这些都不要太当回事儿了！《南方周末》能如此很令人欣慰，感谢啦！特别是几位编辑、记者。摘要开头的话有点省略多了，大家感兴趣的话，看看下面的原文就明白了。谢谢！(2012 - 07 - 20)

网友互动：

南方周末：【那些关于北京空气的"大实话"】空气质量改变唯一的根据是我们中国、我们北京自己大气污染防治的需要，而不是看哪个大使馆在干什么。民间自测，我不反对，但建议：一不要绑架公众，煽动

情绪；二要把大家的注意力引导到减排上。——北京环保局前副局长杜少中（2012-07-19）

事过半年，《南方周末》在成都举办论坛，绿版主编朱红军给我打电话，邀请我参会。本来我真是不想去，可朱红军说，您来吧，第一我们保证您的安全，第二您让发什么我们发什么。这话听着特诚恳，可架不住细琢磨。保证我安全？让发什么发什么？不就是说我不敢去吗？不就是说我怕见报吗？我还真就不怵这个，走起！我晚8点多到了成都会场，说是陪我吃饭，其实除了朱红军，那篇文章的记者、编辑都到了，饭吃了两个小时我主说了一个半小时。第二天上午又专访了一个多小时，接着一个50多名媒体人士参加的论坛又让我说了半小时，午饭后我就回北京了。

所有问题都说明白了，《南方周末》绿版和我本来是同一战壕的战友，又走到一起来了。我跟他们说，作为媒体和新闻发言人，我们的责任不只是提出问题，还要解答问题，引导讨论，最重要的是给公众一个科学的结论。不能"忽悠"一下就完。你们不用一种情绪"绑架"公众，我也不会再说你们"文革"遗风了。

这一次交锋之后，我和《南方周末》绿版从"天然盟友"成了多方位合作的、为绿色共同呐喊的真朋友。

媒体报道

那些关于北京空气的"大实话"

《南方周末》　2012 年 7 月 19 日　汪韬

"空气质量改变唯一的根据是我们中国、我们北京自己大气污染防治的需要,而不是看哪个大使馆在干什么。"

"民间自测,我不反对,但建议:一不要绑架公众,煽动情绪;二要把大家的注意力引导到减排上。"

"PM10 还没有达标,这时候提出 PM2.5,没什么意义。"

和 CPI 一起,PM2.5 一词被收录入 6 月刚刚上市的第六版《现代汉语词典》。这一大气领域的专业名词在 2011 年的秋季迅速为公众所知,裹挟着公众对空气质量的愤懑情绪,那时也正是时任北京市环保局副局长杜少中的微博"巴松狼王""粉丝"飙升的时候。

过去几年里,首都北京频遭空气质量风波,而作为环保局官方新闻发言人的杜少中,总在风口浪尖。北京奥运前后,他直面摄像机和话筒,共接受了 1 400 多人次外国记者的采访,参加了 100 多场新闻发布会。2011 年至今,还是因为 PM2.5,他又经历虚拟世界里的"奥运危机",面对微博里动则上千人的质问、谩骂,他甚至发出"敢问路在何方"的感慨。

虽然"领导喜欢听不惹事儿的话,公众喜欢邪乎的话,媒体喜欢有冲突的话,没人喜欢实话",但他说自己坚持说实话,也从不删微博,尽管这样的实话也总是伴随着争议。

2012 年 2 月,他卸任北京市环保局副局长和新闻发言人职务,转任北京环境交易所董事长,"挺过来了"。带着新书《微薄之力在微博》,他日前接受《南方周末》记者采访,回溯那些关于北京空气质量的"大实话"。

你怎么敢说"从未达标"?

南方周末:你在北京市环保局工作的 12 年,正是中国环境问题的累积爆发期,北京恰是全国的缩影。如何评价北京现在的环境,尤其是空气质量?

杜少中：一句话难以说清，总体评价还是三句话：环境质量和自己比有进步；和应该达到的标准、和好的城市比差距还很大；仍需努力。

这三句不是虚话，且缺一不可。没有第一句话，不是说抹杀了谁的成绩，而是会让大家觉得没有希望了。第二句话，差距还很大是不争的事实，比如PM10，1998年的年日均浓度是每立方米180微克，现在是每立方米120微克，虽然下降了1/3，但标准是100微克每立方米，没有达标，加上接近指标临界点的天数，一年之中有百十天空气质量不好。

北京的空气质量，按照四项大气污染物（二氧化硫、一氧化碳、二氧化氮、PM10）的年日均浓度总体评价，从来没有达过标。很多人第一次听说很惊讶：你怎么敢说这个话？不是敢说，我也不是第一次说。我当新闻发言人八年了，一直这么说。

南方周末：会不会有很多人并不太认同"环境质量和自己相比有进步"的判断？

杜少中：讲实话得有真凭实据，从1998年开始，北京治理煤炉，取消了4.4万台柴炉大灶，治理了1.6万台燃煤锅炉，1998年134天的采暖季，二氧化硫超标天数106天，但到了2008年，超标天数只有9天。

这些年，从大气污染源的煤、车、工地、工业四个方面，北京又采取了16个阶段200多项措施来应对，包括老旧车提前淘汰、提高油品标准、倡导公众少开一天车等。很多人看不懂，觉得乱。这些措施涉及所有人，有人说这不是把责任推给公众了吗？其实NGO（非政府组织）、政府，都是由个人组成的，公务员和其他市民一样，是环境保护的参与者，也是环境污染的制造者。

北京今天能举办奥运会吗？

南方周末：但是2008年北京奥运会期间，很多外国媒体还是担心北京的空气质量，为什么？

杜少中：奥运期间污染物浓度几乎和发达国家一样，国内人士觉得我们在改善，当时的质疑主要来自国外。比如一家日本媒体采访时问我：日本有一个村庄（没有指明哪个村庄）受到了污染，是不是北京影响的？我说：有没有数据？大气环境是相通的，影响是相互的，判定一个地方是否影响了别的地方，要有数据支撑和专业评估。

那天北京的空气质量不大好，他的第二个问题是：北京今天能举办奥运会吗？我说，今天是2007年6月7日，北京没有举办奥运会。2008年8

月 8 日北京举办奥运会，届时我们会给出满意的答卷。他没有得到令他满意的答案，就把这两个问题问了三遍，我也照答了三遍。我很生气，但是不能失态。

外国人不相信这么短的时间里能做这么多事儿。你给他看图片、数据，让他采访市民，到平房去进行居民体验，他才相信。

南方周末：可是奥运结束了，为什么国内民众仍有争议？比如 2011 年引起全民关注的 PM2.5 争议。

杜少中：之前是外国人质疑，现在是中国人质疑。为什么奥运后国内公众更关注环境了？因为大家看到你原来可以做到啊！但这是极端措施。如果现在天天单双号、外地车不进来，工厂停工了，工地不干了，周边省市，连山东的污染源也控制了，我们做环保的最开心。

奥运会的做法是很好的尝试，但不能像奥运会时完全用行政手段，行政、法律、经济手段都需要用。我现在到环境交易所，就是用市场手段，这是一种综合手段，也应该起到很好的作用。

这个理想就是空想

南方周末：如何评价 2011 年那场 PM2.5 引发的全民争议？

杜少中：公众参与 PM10 和 PM2.5 的讨论，不管起因是什么，其结果肯定是推动了环境质量的改善和公众环境意识的提高。我不是说是否促进了标准出台，因为标准讨论很多年了，出台是早晚的事情。

2000 年，我对机动车年检厂老板说空气质量关系到人民健康。老板说，我们现在首先要解决职工吃饭问题！2001 年，一个工地老板说，不扬尘叫工地吗？你们家扫地还得扬尘呢！我们那时候没有权力让他们停工，管工地也和上访的一样，把车停在工地门口不让他出去。那时候公众没有什么环境意识，认为主要矛盾是吃饭。你说环保，不仅领导不接受，市民也不接受。

现在公众关心了，一些观点撞上我了，这事儿不能怨公众不了解，应该从我们身上找原因：环境质量还不够好；环境信息公开做得不够；科普做得不好。再加上一些炒作，才让 PM2.5 这么热。

其实我最乐意看到两件事：一是说到环保就和命相关；二是采取奥运会那样的措施。但是能做到吗？目前这个情况下，这个理想是空想。

南方周末：这个冲撞的过程里，政府、媒体、NGO、企业和公众还需要怎么做？

杜少中： 首先政府要推动信息公开，企业和社会组织也要信息公开。政府要善待、善用媒体。媒体则需要克服浮躁心态，做好功课，不做"标题党"和"愤青"。所谓善待就是：让他们随时逮得着你（手机 24 小时开机）；给时间多提问题（无论是发布会还是个别采访）；有问必答（特别是专业问题解释要不厌其烦）。当然，对不靠谱的媒体最好的应对是敬而远之。

NGO 不要认为自己是被边缘化的，反映公众利益要客观，要求实、求是，不要靠情绪化，当然还要更专业。

南方周末： 就信息公开而言，北京市环保局做得如何？

杜少中： 也是自己跟自己比有进步，我也希望公开得更好一点。业务部门有两个缺陷导致公开受限：一是希望数据是自己的；二是数据太专业。现在是自己监测，自己公布，人家以为你数据造假。我觉得监测机构应该是第三方，只管监测和公布，环保局也需要买你的数据。国外监测机构都是社会机构。监测部门领导的"乌纱帽"和经费来源不是环保部门给，监测部门只管设备和技术，没有主观造假的动机，公布数据自然就客观，公众也就不用质疑环保部门。

关于"民间自测"的两点建议

南方周末： 如何看待美国大使馆空气质量的监测行为呢？

杜少中： 这件事儿我在 2011 年 10 月份发过一条微博："前些年我们监测并公布的是粒径在 100 微米以下的总悬浮颗粒物，后来改为 10 微米以下的可吸入颗粒物，即 PM10，肯定还会监测并公布 PM2.5 甚至是 PM1。但必须要记住的是，这些改变唯一的根据是我们中国、我们北京自己大气污染防治不断深入发展的需要，而不是看哪个大使馆在干什么。"

南方周末： 如何看待民间发起的"我为祖国测空气"行动？

杜少中： 有点情绪化，国外也没有这样用手持仪器民间自测空气质量的。我不反对民间自测，但是得按照国家规范建站、监测，设备和数据还需要专业机构认证。我的建议是：第一，不要绑架公众，三五千的仪器监测出的数据没有参考价值，就是煽动情绪、乱花钱，对于治理空气没有用处。第二，要把大家的注意力引导到减排上，监测是说清空气质量，是改善空气质量的一方面，但最主要的还是减排。

环保还是一锅没有煮熟的米饭，锅热了，饭还没熟。大家都说重视，就是锅热了。但是饭没有熟，心里没有重视。心里抉择发展和环保时，没有首先考虑环保。"我为祖国测空气"是在狂热的环境下产生的，需要氛围，但是不能过火。火旺才能做熟饭，但不能热到锅化了，饭还没熟，一下子成爆米花了。

　　南方周末：但是，民间的呼声，客观上推动了PM2.5纳入空气质量新国标啊。

　　杜少中：空气质量不是监测出来的，而是治理出来的，关注PM2.5更要关注防治污染和减排，这是根儿。从PM10到PM2.5，原来政府就想干，现在公众想知道，只是公众参与的特点是不按照你的时间表进行，所以你得顺势而为。PM10还没有达标，这时候提出PM2.5，有多少意义？没什么意义。

　　真正重视环境，应该用环境承载力来确定发展速度，不是定一个增长数字，让环境来配套。这个屋子100平方米，不能进2 000人啊，现在进来2 000多人，人就吊着，挂在墙上，挂在墙上不舒服就喊。现在你给我钱修阁楼，做成这样就算不容易了。

巴松狼王：

　　与公众的信息相对称，应该是我们和媒体共同追求的目标。大道不畅，小道横行。一个完全大众的活动，居然逼得一个小记者使出了"特务"手段。我不知道那些总是自以为是的人，什么时候真能聪明起来！写在"改善网络舆论生态成都研讨会"前夜。(2013-11-29)

网友互动：

　　白巨婴："特务"手段？为了抢独家吧！

　　孙之印：⊛领导！您即便是狼王举头无敌也要时时警惕，千里之堤，毁于蚁穴⊛⊛！学生认为他们愚笨起因是他们上面的真正不聪明……⊛⊛

巴松狼王：

　　这说法不是异想天开，这故事也不是凭空杜撰。

汪老俊：懂传播。

21cbh 张晴同学：出差一圈回来一看，狼王还惦记着这事呢，感动感动。为广阔胸襟和开放态度点赞！👍👍

这个故事像我所有微博的故事一样都不是杜撰的，北京环保交易所碳交易平台开业，这本来是必须让公众特别是全市企业参与和了解的事，可主管部门的一个处长居然不让媒体参加，不给媒体材料，结果一个记者为了完成报道早早来到会场把录音笔放在了前排桌子里，晚上来取的时候被保安"逮"住，送到了我的办公室。我说保安管安全，你的做法当然他该管。但你是记者，报道是你的职责。这个会就要让更多人了解，知道的人越多越不嫌多，明白得越深越不嫌深。录音笔给你，只要话真实，随便报。

巴松狼王：

早上遇一"伪"哥：看见我和环保界同人照片，他说两个伪环保；又见另一微博中有"君子"二字，他又说伪君子。我纳闷，他是不是刚认识个"伪"字，在这儿练造句啊。于是联想，在微博里真不怕信息不对称，一交流就对称了，最怕的是中国人弄不懂中国字，不管你说什么他都那根筋，对这类人只有"懒得理你"了。(2013-01-17)

王琳-金马甲：听完狼王昨天的报告，不免对狼王的微博反复琢磨，娱乐之后不免思考深层含义。在短短140字内，狼王总是能让人回味无穷。👍

反思中迈步：林子大了……

樊东平 I 金马甲：鄙视之。👹

加油金毛：骗子看所有人都是骗子。

纯属老车新手：其他不懂，一"伪"到底！可笑！

提拉米苏 JH：这类"伪"哥无处不在，狼王一笑了之。☁

熙 AI 雪：狼王，你有这么多粉丝啊，我觉得这个"伪"哥根本不劳您来评论。

巴松狼王：

> 昨天回来把你 12 日发来的短信看了好几遍，够长、够真，可惜当时把它当小广告了，不然绝对用不着到现在就剩抱歉了。也庆幸一直没删，犯了错误不知道也是很遗憾的事。这条短信我会永远保留着，这是当新闻发言人八年历史上绝无仅有让我看了后悔的记录。实在对不起啦，以后不论什么形式，我一定将功补过。(2011-12-30)

庙里跑出来的丫鬟：在环保部开了一下午会，谈了一下午 PM2.5，最大的收获，是与巴松狼王相谈甚欢，他为前段时间没接受采访而抱歉，并表示作为补偿，他将接受《新闻调查》的专访。其实，他是一个性情中人，我所见过的官员中为数不多的之一。

三把吉它博客：呵呵，性情中人！

荒诞的也许并非爱情：呵呵，我也觉得您是个性情中人……没有官腔和架子，为我开始一段时间对您的不尊重道歉……希望不要介意当初我的不尊重。

李志刚_细胞：性情中人。关于 PM2.5，事实上，室外污染中含有很多，但室内空气中含量更多，危害更大，只是缺少常识。

刘鹤微博：有机会求看短信，怎么就当成小广告了呢？怎么够真够长，莫非淘宝体？好奇。

巴松狼王：

> 回复@刘鹤微博：哈哈，这么大报的大总编至于这点儿小事这么好奇吗？我对采访几乎都是有求必应，有时就是明知"来者不善"，咱也没退缩过，我的原则就是直面媒体。这次人家说了那么多理由，我就是没看见。这新闻发言人的活儿总有个头儿，你说这让我想起就后悔的记录，不是很值得珍视吗？

说只是一种发泄：从早上 7 点开始，有卖房的，卖车的，卖酒的，卖发票的，电信的，联通的，给小学生补课的，大学四六级的，托福雅思的，还有京东、当当、卓越、淘宝各大商场的促销，广告无数，短信垃圾不环保啊，真正绿色短信都收不到了，耽误事啊有木有!!! 😀

QY 可可：等着看《新闻调查》。

巴松狼王：

公信力。简单形象地说，就是你、我、他……都信。如果你、我、他……都说些自己也不信的话，谁又能信别人的话？所以，提高公信力，根本措施就是：坚持说自己相信的话，自己不信的话坚持不说。@但斌 @朱_红军 @点子正（2013－11－9）

摩斯电码 73：公信力就是言行一致。

点子正：说自己相信的话，做自己该做的事。

九三朱良：我本来想说：相信大气污染一定会减少……

牧人仁——我想回家：嗯，说的是"呵呵"。

山东环境：诚信为本，意志相通。

节能增效：有些人说假话说得自己都会信了，还有人根本分不出真假。

巴松狼王：

有媒体就露天烧烤给我提了两个问题：1. 治理 PM2.5 为什么专挑软柿子捏？2. 禁止也就意味着截断很多小贩的谋生之路，有没有什么方法能够解决环保与民生的矛盾？我回答：只要是污染都得治，没有什么软柿子硬柿子之分。不过，要讲吃柿子，还真要拣软的捏，因为它熟了。谁说民生就只有烧烤一条路？（2013－08－08）

宽吧：我觉得，治理一个厂子，比得上治理成千上万个小烧烤摊。

热情雪：高尔夫最不环保，多少名流以此为得意事，甚至也有环保人士。这个柿子啥时候软？

QY 可可：回答得很硬。没掉到人家挖的坑里。高！

马连华说：治露天烧烤和工厂建筑排放能同步进行的话，最好了！

杨方义：都得治理，只是这个人群弱势的人多一些，做好保障措施也很重要。对露天烧烤，哎，我自己是受够了，一到夏天，哎……

红螺山下：在延吉旅游时发现，那里有很多烧烤店，生意火爆，但是污染治理得好，没有恼人的烟。

职业环保人：狼王厉害，支持你！答得妙啊，还真要拣软的捏，好！谁说过民生只有烧烤一条路，滴水不漏，好！

说只是一种发泄：先小后大，先易后难，可是那些难的也是污染最厉害的！为什么不两手抓呢？

蓟门立金：环保本是民生，烧烤是小民生，环保是大民生。环保也是发展，节能环保和生态文明已被列入国家规划。

法兰的士兵全跳舞：现在经常是不足一公里的小街有六七家露天烧烤，而且现在特流行大电扇往天空中吹烟。

狼王手记

我和潘石屹到底有什么"仇"？

有一篇报道的题目是《潘石屹、杜少中一见"泯恩仇"》。

我和潘石屹过去不认识，后来有过几次合作，见面也不多，可谓是往日无冤近日无仇，倒是为了空气质量，在网上留下了不少故事。

有人说你得感谢潘石屹，没有他你怎么能成大"V"？我说，"粉丝"多了是得谢他，可劳神多了不谢他。我开微博压根儿没想着当什么大 V，觉得有10 万、20 万"粉丝"就足够了，"粉丝"太少了没法玩儿，可是太多了，压力实在是太大，几百万人订阅了你的文字，不写，不回，不说点靠谱儿的，不拿出点儿东西，哪儿好意思在微博里混呐？尤其是不管大小也是个"当过官儿"的，"粉丝"多了太招风，不是我这精力、这岁数人干的事儿。可这事真由不得自己，尤其是跟几个网络大 V 交手后，每天的"粉丝"噌噌地长。

要说感谢，得感谢一些大 V 还有众多网友，让我在游泳中学会了游泳，让我在网络中摸索出了怎么在"掐架"中掌握用微博传播环保的新本领。和大 V 们的网络交锋，是我众多网络交锋中最值得一说的。

作者和潘石屹合影

狼王手记

在乌镇我给潘石屹上了"眼药"

2014年，在乌镇的第一次互联网大会期间，"网络名人讲坛"上，国家互联网信息办公室给论坛出了三个题目：什么是大V？怎么管好大V？大V怎么传播正能量？论坛一共15个人，每人发言规定7分钟。

我的开场白是这么说的：这三个题目，我不善于从理论上把握，但我善于从实践中理解，潘石屹是大V，管好了潘石屹就管好了大V。大家很高兴我这么说，潘总也笑了。

我接着说，认识潘总之前，我觉得聪明人的标准就是一点就透，认识潘总以后，这标准得改成怎么点都不透，关于空气质量潘总不断地质疑，我不断地解释，让很多人都明白了我们"吵"的是什么，没有他我不可能把空气质量那些基本的内容，翻来覆去、变着花样儿地说那么多遍。所以，我喜欢他，不管他什么想法，反正他是给我不断向公众解读空气质量提供了机会。

我把在乌镇写的两条微博，也是我7分钟发言的主要内容，分享给大家。

巴松狼王：

有人问我来互联网大会干什么。我说，第一，环保需要最广泛的公众参与，互联网可以给大家这样一个平台。第二，环保需要多方合作，互联网可以给朋友们提供更多机会。第三，环保需要信息对称，互联网可以让信息不断趋向对称，让公众的知情权、参与权更好地落地。参与互联网，守法守规矩，当然是题中应有之义。（2014 - 11 - 21）

乌镇，再次听到马云说他最关心的是生态环境，只能说有了这种认识总比没有的强。不过我高兴得早了，当他说到具体想法时，变成了理想就是要让更多企业能挣更多的钱。难道都得像阿里巴巴一样有钱了，再想起环

境？环境，就是一个让人糟蹋完了才会注意的东西，我为环境总是"被慈善"的地位哭泣！😭（2014－11－21）

2011年10月31日，我在新浪微博做了第一次微访谈，第二天就迎来了暴风骤雨般的转发、评论，拍砖之猛烈真是始料不及。我、潘总，当然还有其他大V就"开战"了，引用几条使我与潘总第一次见面的微博吧。

巴松狼王：

不管潘总以前干过什么，这个态度我还是赞成的。先请所有的房地产企业按潘总的要求把扬尘污染减下来！（2011－11－01）

每次接待采访我说的话一般都不会少于半个小时，而在这儿只能说140个字。今天我也想问几个问题，请潘石屹回答：什么叫全面、准确、真实的数据？空气质量监测各城市之间不该有规范吗？（2011－11－04）

网友互动：

潘石屹： 刚才间丘露薇来采访北京空气质量的事。我说，最先应该做的是环保部门要向北京市民及时公布准确、全面、真实的数据。发现了问题的严重，大家才能统一思想，齐心协力地解决问题。空气质量差，不只是环保部门或某一位领导的事，而是大家的事。不要怀疑我们的动机是出于炒作、出于与环保部门作对。

巴松狼王：

呵呵，我也很有收获。潘总说面对微博要淡定，他心理素质确实比我好。面对污染我真的淡定不了，有人咒我会死于肺癌，我想我肯定死于失眠。（2011 - 11 - 10）

潘石屹： 杜局长带我一层一层地参观，一直到了屋顶。有许多家媒体记者跟着我们。杜局长说，我招谁惹谁了，有人在微博骂我。我说，微博上主要用批评的方式交流，表达自己的观点。这也是与《新闻联播》互补。微博上可以吵架、可以争论，但千万不能生气。

user-lw： 为什么这条看着很心酸？真不理解在这儿骂人的那些人！有几个官员敢上微博本着做好工作的态度直面问题并且坦率交流的？要骂也该去骂那些不作为的。保重身体！不要失眠！

源浦： 有感于这几年中国的网民群体在公民意识和公众话题讨论上的矫枉过正，所以一直很佩服能够坚持自己观点不被微博上的"主流舆论"带走的博主，希望您能坚持下去，加油！

源浦： 挺佩服您在微博上被这么多人骂时还一条一条回复的耐心和勇气。很多人骂您其实只是因为平常大家都只是小老百姓，找不到出气筒来发泄情绪。结果发现微博上有一个枪靶子，所有子弹就都射到您这儿了，这是正常的，您每天挨这些骂是替国家体制做了挡箭牌。

古志斌_WinSing： 环境出问题，谁都逃不掉，不管是官还是民，是穷还是富。某动漫公司决定推出一部环保题材的动画，希望 2012 年不是世界的末日，而是全人类环保良知的重生日。

狼王手记

还得说说那次"空战"

联合国驻华代表处的官员跟我说，在飞机上，看到一本杂志，有一篇报道，说我和美国大使馆打了一场"空战"，就是空气质量之争了。后来我出差坐飞机也看到了这篇报道，也为此发了微博。

> **巴松狼王：**
>
> 前些年我们监测并公布的是粒径在 100 微米以下的总悬浮颗粒物，后来改为 10 微米以下的可吸入颗粒物，即 PM10，肯定还会监测并公布 PM2.5 甚至是 PM1。但必须要记住的是，这些改变唯一的根据是我们中国、我们北京自己大气污染防治不断深入发展的需要，而不是看哪个大使馆在干什么。(2011 - 10 - 12)

这是我关于那场"空战"最直接的表述。实际上，那时候我无论是接受采访、开发布会，还是写微博，从来就没有点过哪个国家大使馆的名字。为什么？因为归根到底是我们的空气质量不好，别人说只能让我们更加努力把事情做好。当然，在这个问题上，某大使馆使用连本国环保部门都"不加评论"的设备监测，并通过网络公布监测数据，这个做法是不光彩的。据了解，我们有关部门为此进行交涉，得到的回答是，这个数据是我们自己内部使用的。言外之意是你们中国人愿意看，那是你们自己的事。其实他们为此尝到了最少三个方面的甜头：一、大使馆向本国政府申请并成功领取健康补贴。二、迅速升温的 PM2.5 热，使得中国要大量进口监测设备，挑事儿国得到了很好的商业利益。三、社会疯传该国将在广州、上海甚至西部设置监测站点，直接挑战了中国各级政府的公信力。

　　然而，在这个问题上，我们处于完全被动的地位。信息公开透明度不够，公众不能及时方便了解到权威的监测信息。不及时、不准确、不全面的监测数据，不仅不能满足公众的需要，还常受质疑，备受诟病。

　　这个问题确实应该是国家部门出面解决。老实说，那时候我这个小马拉大车的新闻发言人的日子是很难过的！现在好了，网上有了可以随手搜到空气质量信息的APP（应用软件），感谢互联网，感谢公众参与。

　　2011年10月底，网上关于PM2.5的讨论异常火爆，网友、网络大V等纷纷提出多种疑问。一时间，PM2.5成了网络热词，微博成了充分讨论、交流的平台。虽然整个过程反反复复，很复杂，但最终的结果是公众对PM2.5的了解越来越多，认识越来越理性。

巴松狼王：

　　对，不便评论。最好的应对是做好咱们自己的事：一是继续减少各种污染排放。二是环境信息服务努力满足公众需求。同时，这些都在大家的参与下实现！我在这儿看到的意见，保证不浪费，全部在各种场合充分表达，非常感谢大家为我提供了很好的"武器弹药"！（2011 - 11 - 23）

　　网友互动：

　　头条新闻：【微博热点：中美监测北京空气质量数据不同引发网友热议】中美监测北京空气质量数据存在较大差异，@潘石屹 @郑渊洁等转发数据并提出质疑。北京市环保局副局长杜少中表示，美国驻华大使馆数据是内部使用。也有网友认为，口水仗没有意义，应考虑如何行动。

网友密集就PM2.5提问

　　我有我兴趣：杜局长，能否谈一谈北京PM2.5的问题？很多人都在关注美国大使馆的监测数据，请问您官方的PM2.5标准何时出台？会和世界卫生组织的持平么？目前北京的总量控制工作主要面临哪些难题？

巴松狼王：

请您看我 9 月 19 日和 10 月 9 日、12 日的微博，我反复说明了这个问题，看 9 月 19 日的微博，希望您要点开后面的链接，内容很丰富。谢谢您关注！（2011 - 10 - 31）

爱拍星空：@巴松狼王，请问 PM2.5 颗粒的测量什么时候能纳入国家空气质量体系，能不能有更细致的实时环境报告向公众发布？

巴松狼王：

没有共识就没有共同的行动。制造污染的才是大家共同的"敌人"。（2011 - 11 - 01）

错不在大家。我们在大气环境监测方面的科普实在是太弱了、太迟了，环境信息服务也不够人性化。以致不少关心此事的公众对空气质量监测是怎么回事知道得太少，对标准、规范、浓度、指数、年均值、日均值……这些概念只知词不知内容，再加上有些人什么都不信的情绪、连续的大雾、洋人的数据，这样的讨论难免成粥。（2011 - 11 - 01）

潘石屹：刚才科普了一下，美国大使馆公布的是瞬间值，北京环保局公布的是平均值。的确空气质量需要每个人的努力，需要牺牲、服务和利他的精神。

园园：求科普专题出现。

一位网友因"挺"我被拍砖

北京明天更好：这两天空气质量极差，美国大使馆也跟着闹腾，至于监测地点和方式，至于是 PM10 还是 PM2.5 都是专家层面的争论，老百姓的切身感受是"差"，那怎么办呢？是继续天天开车贡献尾气？继续使用一次性木筷毁掉森林？继续乱扔垃圾污染已经少得可怜的地下水？醒醒吧！口水仗没有意义，还是想想我能做点啥吧！

巴松狼王：

给力！（2011 - 11 - 01）

　　PM2.5能够在很短的时间内为公众所认知，原因之一是公众迫切地想了解这个微小的粒子，之二是网络上的讨论及时又充分。当然，之前公众对此存在误解，也说明科普工作不到位。没有想到，对PM2.5的关心，把我和一些网络名人联系在一起，我们也从最初在微博上互相提问、解答、再提问、再解答，到建立了关注PM2.5的"统一战线"。在这个过程中，围观看热闹的不少，跟着一起讨论的也不少，可喜的结果是，大家对PM2.5的了解更科学、更客观、更理性了。后来我在微博上发了大量PM2.5的科普材料，并坚持向大家传播空气质量是治理出来的，不是监测出来的，引导公众更关注环境治理、污染减排。如：

巴松狼王：

　　【资料分享】北京PM2.5源解析，区域传输贡献占28%～36%，本地污染排放贡献占64%～72%。机动车、燃煤、工业生产、扬尘为主要来源。（2014 - 10 - 30）

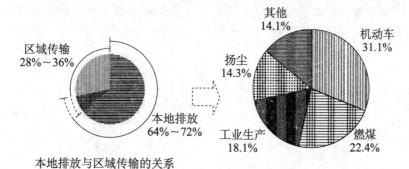

本地排放与区域传输的关系

本地排放（左图64%～72%部分）的主要来源

北京市PM2.5来源解析正式发布
　　经过这一年半的科学研究，北京市PM2.5来源解析最新研究成果今天发布。北京市全年PM2.5来源中区域传输占28%～36%，本地污染排放占64%～72%。

巴松狼王：

污染防治的一个原则是污染者付费，也叫谁污染谁治理。治污不能都是政府出钱，一些不法排污企业，包括土豪开发商，就是想让政府用全体纳税人的钱给他们擦屁股，还振振有词。为什么越治越脏，就是治赶不上排。依法治环境就得让违法排污者人人唾弃吐槽！@杨明森 @老徐时评 @青岛环保 @潘石屹

巴松狼王：

有人问，排污费哪儿去了？政府干什么去了？问得好！关于排污费，一是收的数额少、品种少；二是用得不透明，产生的效果不明显。政府对违法排污行为管理失之于宽，失之于软，失之于利益驱动。这些病，不加强法制就没治！（2014-11-04）

网友互动：

白巨婴：美国《清洁空气法》明确指出：排污费用于对企业污染物排放情况及周围环境进行监测、建立模型、分析与论证，并跟踪排污情况等。

职业环保人：值得借鉴。我国把排污费投向污染源治理的政策有问题！拿来强化监管才是正道！现在变成谁污染政府给谁治理了。

狼王手记

你会讲故事吗？

你会讲故事吗？你会把你的工作讲成动人的故事吗？你会用故事传播好中国声音吗？批评是好声音、正能量吗？

讲故事是传播的最高境界

由于众所周知的原因，我经常跟各种不同的人进行这样的对话：

问：多长时间能解决大气污染问题？

答：时间长短取决于污染治理的力度。

问：什么决定力度？

答：人们愿意为此付出多大的"牺牲"。

问：大气污染到底是怎么造成的？

答：你选了什么样的发展方式，就选择了什么样的天空。

问：到底怎么解决？

答：环境问题是发展中产生的，也必须在发展中解决！

问：怎么越发展污染越重？

答：那要看怎么发展，土豪式发展肯定不行，要转变发展方式。十八届五中全会时习近平总书记反复强调，"绿水青山就是金山银山"，这事简单了，绿色发展。

但这样的回答很多人都觉得不够劲儿。我也觉得不解气，没说痛快。我这人就一个毛病，只要是我熟悉的话题，招起我来了，不说痛快难受。所以，记者们跟我打交道不担心我不说话，担心的是我要是觉得他没听明白就不让走。

开说。说大气污染四个主要来源，当然还有若干次要但不是不重要的来源；说已经采取的措施、还应该采取的措施；说环境与发展的关系，说政府的态度，说人们的态度；说发展方式包括生产方式和生活方式，说政府组织、公众参与、社会监督……话题海了，话一多还免不了争论，到了网上叫"掐"，这我倒是不在乎。但问题是这么多事儿，听的人又觉得很烦，很多人没听我说完，就只留下一张毫无表情的脸。

后来到了中国传媒大学的平台上，说讲故事是传播的最高境界。于是，我讲了三个故事，帮我回答这些跟大家关系密切听起来又十分枯燥的问题。

第一个应该叫"大气污染及减排原理"，可大家说我是这样一板一眼讲"原理"的人吗？为了通俗且不伤大雅，咱叫"狼说大气污染及减排原理"吧。

话说大气污染就像人在一个房间里抽烟。一个空间一定的房子，少数几个人抽还可以接受，很多人抽自然就没法待了。要让人还能在这房间里待着，根本的法子，就是每个人少抽点儿，即降低排放强度，或者是少些抽烟的人，就是减少排放总量。还可以求助于外界，也就是改变扩散条件。首先是打开窗户，引入"水平扩散"，就好比是自然界的风。再不行就得挑房顶，增加"垂直扩散"，就像是自然界低气压变成了高气压。当然这只是形象说明减排和扩散这个理儿，大气污染超过了容量，空气质量自然就好不了。人们居住的地球没法开窗户、挑房顶。要想根治污染，只有减少污染排放一条路。

第二个故事，是回答治理污染需要多长时间的。话说一个樵夫在打柴，过来一个路人，路人问："我想到前面村庄，要走多长时间？"樵夫说不知道。路人看了一眼樵夫向前走了。一会儿樵夫追了上去，对路人说你到前面村庄需要30分钟，路人不解地问："你刚才怎么不告诉我？"樵夫说："刚才我不知道你走得有多快。"

第三个故事，是回答治理污染力度多大合适的。这是一个笑话，纯粹笑话，事先声明，只是借用，绝对没有调侃残疾人的意思。这则笑话叫：治罗锅。说不管死活直了就行，那好办，一脚下去罗锅直了，人死了。说把人弄死了还用得着你吗？得保活，而且要在保证正常生活不受任何影响的情况下把罗锅治好。阿弥陀佛，那可就难了。今天的污染程度，您不做任何改变，不愿意做一点儿"牺牲"，要想改善比治罗锅还难。

用什么办法能治这"病"呢？办法当然有。转变发展方式坚持绿色发展是根本办法。转变发展方式，不仅要建立可持续发展的生产方式，还要建立与环境友好的生活方式，就是要建立生态文明。

有人又问了，为什么工业文明的发展方式解决不了的，生态文明的发展方式就解决了呢？好，今天就"买三送一"，送大家一个"俗解生态文明"的故事：喝豆浆。工业文明提高了社会生产的能力，也是支配自然消耗资源的能力，生产的财富增加了，就是人们都"有钱了"。人一有钱就容易任性，形容人既有钱又任性有一个段子，叫买两碗豆浆喝一碗倒一碗。这种行为在工业文明的条件下还真能行得通，喝一碗生产两碗，说明有这生产能力。两碗豆浆生产出来了，不管你是喝了还是倒了，都算 GDP。当然也就消耗了两碗豆浆的资源以及生产两碗豆浆的能源。

生态文明的生产方式那样就不行了，它要以改善生态环境质量为导向，要讲生态平衡。喝一碗豆浆，就该生产一碗，消耗一碗豆浆的资源和能源。这两碗和一碗，差别可不是一碗豆浆那么简单，它是人们的生产观念和消费观念的重大变化。

所以，我写了一篇文章叫《治理"雾霾"，要坚持"喝一碗做一碗"》。

巴松狼王：

前天做节目，主持人说：现在有个说法，不能为了 2 000 多万北京人的呼吸，不管 7 000 多万河北人的肚子。我说这账得这么算：大气环境是区域性的，从这个意义上说，河北包含北京，7 000 多万加 2 000 多万，就应该说不能为了一点儿眼前利益，就不管 1 亿人民的命！这是呼吸和肚子的关系吗？蒙谁呢？@杨明森（2013-12-20）

网友互动：

九三朱良：河北人民受害更多。

杨明森：即使是肚子问题，靠污染也解决不了。

张树伟_DERC：在"为了肚子"跟"为了呼吸"之间，还是有很多中间状态的。现在的问题是"为了肚子"不择手段，效率极低，长期看得不偿失啊！

杭州万俟轩：话说得漂亮！就问一点：真的一时间停掉河北众多工厂，裁下来的工人怎么办，产业链上的生意人怎么办，地方政府的税收怎么办？毕竟河北很多地方就是纯粹靠这些落后产能作为经济支柱的。

绿行者：解决问题的思维应当是系统的，将很多现象对立，进行矛盾的分析，是失败逻辑的源点。

睿创新能源：地方领导要有高瞻远瞩的环保眼光，着实鼓励创新技术的发展，淘汰落后产能才能解决当前问题。

五代光伏：人家的意思是河北宁愿吸废气，也不愿饿肚子。饿肚子几天就没命，吸废气还能活几十年。说白了，就是要生态补偿嘛。

巴松狼王：

一有法律法规通过免不了雀跃，说这是进步，有法总比没法强。其实真不然，那些中看不中用的法，有真不如没有。得看有了您这法，让那些制贩假药黑心食品的倾家荡产了吗？有了您这法，让那些吃祖宗饭断子孙路的终生难过了吗？有了您这法，坑蒙拐骗的少点儿了吗？有人说法没这功效，那当画看就更不用您了！@杨明森（2014-12-01）

方军杰_通：狼王怎么变了？还是我以前错了？怎么讲的我很认同呢？

严厚福：的确，在当前"社会主义法律体系"已经基本建成的前提下，我们更应当关注执法层面的问题。有一些法律曾经长期"沉睡"。例如，2013年6月最高人民法院和最高人民检察院的新司法解释发布以来，被追究"污染环境罪"的案件数量超过了此前15年的总和。一方面，这说明此前的执法力度太小了；另一方面，也说明现在执法开始动真格了。

严厚福：公众参与领域此前也不是无法可依，但是各地、各部门"选择性执法"，环保部在发布《环境保护行政许可听证暂行办法》将近10年之后，才第一次召开环评行政许可听证会。随着公众环境意识的觉醒，公众参与的压力会越来越大，公众参与会逐渐从"走过场"变成"动真格"。

中青报曹林：狼王这几问问得有力，问得好。

环保范范：//@公众环境马军：需要通过公众参与，才能落实公众参与法规，能不难吗？

001 高地：制定的"法"如果是对人民群众有利的，就是"好法"，如果是对个人或小团体有利的，就是"魔法"。

杨明森：有法不依的消极影响，比没有法还严重。

乌七八糟大胡子：有法不依，等同于无法。十八届四中全会好像说的也是问题在执法上。此外，中国诸多法律之订立受行政管理部门影响太大，更多体现了其部门利益并非社会利益。

巴松狼王：

什么是代价？就环境质量而言，我们 GDP 当中有相当部分是以牺牲环境为代价的。所以，有人说能不能少要一点 GDP，换环境质量。作为一个环保工作者，我认为这种说法是理智的。但让我不理解的是，APEC 会议期间以一些 GDP 换来了空气质量，又有人说不能以这个为代价。那依着列位大仙的意思，到底该怎么办呢？（2014 - 11 - 14）

长安卧龙 958：用牺牲环境为代价取得的 GDP，会用加倍的代价来偿还给环境！

天津贾岩：GDP 是发展，蓝天绿水是生存，发展是为了更好地生存。认为 GDP 重要的，去喝工业废水吧，管够妥妥滴。😵

共工 01：我们 GDP 当中有相当一部分是为别人的，还有相当一部分是自己不需要的，虚的假的……所谓的梦，都是云里雾里的。自己的屁股自己擦，别埋怨别人。

风之捷妮：大家的意思恐怕是希望长期拥有好的环境，而不是为了一个会议短暂拥有。

九三朱良：利益，不同地区不同群体之间有巨大分歧。

想上辽宁舰：鱼与熊掌从来都不能兼得！何况是环境和 GDP！从长远来看，环境的好坏是首要的，这直接关系到人类的可持续发展。所以，牺牲一点 GDP 没什么，而且还要持续地为保护和重建环境用点 GDP！

巴松狼王：

就像说，人升了职权力大了，能力和水平不会自然提高一样，随着岁数的增长，人们对你的尊重增加，但你的德行不会自然升高。如果你干了坏事儿，人们会诧异：现在的老人怎么成流氓了？殊不知，不是老人变"流氓"，而是原来的"流氓"变老了。所以，修行要赶早不赶晚。（2014-08-26）

云南郝大叔：长期以来职场的风气就不利于德行的升高，而是正相反。

洛阳杜康："流氓变老了"，这是一天中第二次听到、看到如此论调。君子慎独，晚节需保。

穿越旅程：不是老了变流氓，而是流氓变老了。有观点。🈶

大猫猫 08：什么逻辑，以前的流氓就没有变老？

巴松狼王：

雨中，凉快、舒服、惬意……想起小时候大人们常说的一句俗语：夜里下雨白天晴，打下粮食没地儿盛！当时吃是问题，人们期盼丰收。现在得加上一句：白天糟蹋晚上雨，污染的天空天来洗。这样行，问题是不会天天下雨，大气环境改善不能只靠天。根本的办法，还是要减少生产、生活中各种污染物的排放！（2014-07-02）

杯中茉莉香：问题是目前靠天效果最佳，其他办法都是长期才能看到效果，虽然那样的效果才是根本的、长远的。

巴松狼王：

"人努力，天帮忙"，人努力是根本，天帮忙只是"撞大运"。

野猪林：白天是保证糟蹋，晚上可不保证下雨啊！

巴松狼王：

空气质量令人不满意怎么办？2006年一次与德国同行交流，说到监测系统建设。德国人说：我们监测站不多，把钱都花在治理上了。这句话和国内一些人热衷于大投入于此的做法，一直反复折磨着我。监测为找毛病治病，还是找理由说事？空气质量是治理出来的，不是监测出来的，减排是硬道理，哪怕谁都不信，我都坚信不疑！（2013-01-28）

王以超：不吃退烧药，量再多次，温度也下不来。

不规则格子：怎么减排呢？同等规模城市，比如北京跟纽约，它们的污染源是否相同？污染情况是否相同？是否可以比较着，有针对性地治理？外行瞎说一下。我身边一朋友在外地工作，回那边几天就呼吸道感染了，医生也怀疑是空气质量问题。虽然不好肯定，但是希望环境能稍微改善些。

低碳机制：现在解决的是承认我们的环境质量存在问题，连这个勇气都没有才会一直拿监测说事，如果大家都开诚布公了，还用费这个事吗？

北京思路创新：空气质量是治理出来的，不是监测出来的，减排是硬道理！

tonyeme：氮氧化物和硫化物数值居高，"两桶油"功不可没！它们也应该多干些，少说些，毕竟环保需要多方共同努力，事情是干出来的，不是说出来的。

何春银微想：对一个持续发高烧的病人而言，体温计、退烧药缺一不可，作为医生，关键是要有个轻重缓急，分清楚主次。使用再精准的体温计，也不能替代吃退烧药。当下，退烧是第一位，地球人都知道。但是，有些人好像就是不明白这个道理，热衷于大投入地去量体温多少，就是不愿意吃退烧药。

巴松狼王：

一年一度的空气质量"高峰论坛"，在爆表声的不断高走中拉开帷幕。北京空气质量按年算从未达过标，按天算时好时坏已成定论。但不管如何减排，大家都在跟数据较劲。就像病人高烧，只管看表、换表，不管退烧；看见小偷只喊包丢了不管抓贼。更有趣的是，小偷也跟着喊，比别人喊得还起劲，警察小偷扭在一起时众人帮着小偷。都咋啦？(2013-01-13)

闽嘟嘟：不同意无数据说话。减排有没有效果要从统计意义上看。这次雾霾天可以看到北京是从南到北逐渐减轻的，这种空间分布特性暗示着污染来源。

北京自由单车：环保是一个系统工程，每一个人都应该自觉参与其中，另外政府也要主动给市民提供参与的机会和如何参与的指导。

桑榆-东隅：小偷指潘总？

方澍晨：室外零下10度的时候，我们享受着大量煤或天然气燃烧带来的零上十几度的室温，还在抱怨供暖不够；我们仍然把能否买车、买更大排量的车作为重要生活指数，一边排放废气一边骂着路上尾气多（这里暂不提公共部门，作为个体的每一个人，其实都让这霾加重了一点）。

龙腾山巅：比喻比较形象。

幸福滴章鱼：＃空气质量高峰论坛＃太会挑时候了，希望论坛能有积极的结果，有迅速的行动，有更多的报道。█大家围观围观，█给决定空气质量改善的决策者们一些压力和鼓励！

杜新平 V：杜局，去年争的是数据真假，大家不相信警察，今年数据可信了，警察的权威在了，抓不住小偷是警察的责任了。

奠基 2010：好空气不是测出来的，也不是嚷嚷出来的，要靠每个人的行动。

幸福滴章鱼：🔘//@一苇所如_8v5：我们每个人既是大气污染的受害者，也是大气污染的产生者、排放者。在这种污染情况下，需要的不是指责谩骂，而是建设性的意见和自身的参与。节能减排，绿色出行，从自身做起，从小事做起，全民参与，同呼吸，共担当，齐行动！

潘石屹：回复@桑榆-东隅：别争了。小偷是我，我是 PM2.5 的制造者。杜局长是警察。//@桑榆-东隅：小偷指潘总？

巴松狼王：

> 有人跟我讨论淘汰落后过剩产能。我说，所谓落后产能，就像做饭，人家用煤气罐，你用煤球炉子。所谓过剩产能，就是一个炉子能解决的问题，你非用三个。淘汰落后过剩产能，就是把你做饭用的三个煤球炉子砸了，换一个煤气罐。你说不行，我只能用三个煤球炉子做饭。那对不起，你们家脏一点儿没商量。@杨明森（2013-12-20）

杨明森：起码，先减少为一个炉子。

刘昊 9611：太形象了。👍

跃马西楼：这个比方很形象，要解决为什么不使用煤气罐、不减为使用一台炉子的问题，环境宣传教育要走在前头。

绿行者：淘汰落后过剩产能，得强化政策约束，完善市场激励，还要严格执法😊。舍不得，放不下，必然也走不远。本质上，环境保护和经济发展不是对立的，而是相互促进的。

彭姐一：明明煤气罐比煤炉要干净方便还环保，为什么还有人要用煤炉呢？一是不了解，二是怕多花钱，三是觉得环保跟我没关系。如果不需要多花钱呢？如何让这些人知道？如何让全民都有"环境保护，人人有责"的意识？

环湖风景线：比喻虽形象生动，但不可相提并论，关键是这个"家"的概念有本质的区别。实际情况是属于自己的"小家"，早就千方百计要换成煤气罐了，而属于公众的"大家"，有些人抱着落后产能不放，把"大家"弄脏，赚了钱，跑到别的地方营造自己的"小家"去了。

巴松狼王：

日前，应邀参加一个开放日活动。本想客随主便又是好事，要赞几声。但经历了进门登记出门再次登记、扣身份证、收手机、反复告知纪律、出门"没收"嘉宾卡、杂乱的"神圣"演出、官微限制转发和评论……心里剩下的只有问题："开放日"你准备好了吗？这样的"开放日"到底离开放有多远？@石述思 @五岳散人 @但斌（2013－12－06）

匆匆过客小松：狼王吐槽居然@五岳散人?! 为什么我们舆论斗争如此复杂艰巨？一个重要的原因是包括有关部门、官微、媒体微博在内的很多组织和个人对微博舆论生态没有一个清醒的认识，忠奸莫辨、是非未分、敌友不分！

刘老夫子2010：狼王知道什么是"防＊之'品'，甚于防川"了吧，用"品"字是因为还要防着两只眼睛，哈！

巫术之熊：这算是在钓鱼么？狼王，话说回来，嘉宾卡你留着有什么用呢？咱们参加的会议论坛不少吧？我习惯把嘉宾卡还回工作处，你是做低碳环保的，你应该懂得这点东西也是一种能源消耗和浪费。

九三朱良：官衙不适应开放。转变作风还有漫长的路要走，没有外界压力仅靠自己转不了。

巴松狼王：

今天，去一个很大的机关办事，报车号进了门，在里面转了一会儿，被告知出门要登记，更搞笑的是登记完，还要安检。这让我想起当年，我妹妹给小侄子洗澡，洗完澡小侄子说，大姑你出去一下，我换衣服。我们的机关管理不会是儿时的智商吧?!（2013－12－04）

雄哥杨亚雄：答案是极其肯定的，我个人认为。

幸福 haoler：有的单位是进查出不查，有的单位是出查进不查，有的进出都查。长安街上一个单位就是您说的这种情况，（还是小布什来那年啊）进没事，出是武警查。我开玩笑带点什么进来不危险？客户领导笑着打了我一下。😄

施主你奶嘴掉了：那个……我们这儿就是如果是货车的话出门要检查……不过我感觉就算是带东西也查不出来……

绿行者：有点像超市。🐵

白云_黑土_蓝的天：为了防止夹带涉密文件啊，很正常啊。

狼王手记

新闻发言人和媒体都是渠道

善待媒体就是善待公众，也是善待我们自己。这绝不是冠冕堂皇的说辞，而是来自实践的体会。

所谓善待，第一条就是要让他们随时"逮"得着你。当新闻发言人期间，我的手机是绝对不敢不接的。试想，如果一个记者找你，特别是夜里，肯定是有了急事。找你就是信任你，可你不接电话，他们只能去找专家。一般说，专家的话还是比较靠谱的，但跟我们做管理工作的着眼点总会有些差距。专家没找到，他们会去找"砖家"，这可就很难说有没有谱儿了。我当新闻发言人期间，由于工作原因，只有一次半天关机，晚上回去晚又忘了开，结果有个媒体联系不上我，次日早晨刊发了一篇不准确的报道，让我整整折腾了一个星期，才平息了那场风波。因此，我们要善待媒体，与媒体的各个层面做到随时联络、短期沟通、长期策划，共同打造好为公众提供信息服务的渠道。

巴松狼王：

无论是传统媒体还是新媒体，都是我们向公众传播信息的重要渠道，善待他们就是善待公众，也是善待我们自己。所谓善待就是：让他们随时逮得着你（手机24小时开机）；给时间多提问题（无论发布会还是个别采访）；有问必答（特别是专业问题解释要不厌其烦）。当然，对不靠谱的媒体最好的应对是敬而远之。（2012－04－07）

网友互动：

闾丘露薇：不过有的部门就是逮不着，也不给多提问，甚至是有问必不答呀。那天采访碰壁，还真的很想念您这位前发言人呢。

巴松狼王:

当年把媒体当文件,后来有的文件都不靠谱了,媒体也就别说了。有了新媒体,新老媒体PK,结果是老鸹落到猪身上。特别是大牌媒体的腕儿,台上网上判若两人。于是发现了看新老媒体新闻的方法:一、淡定,慢一拍再反应,说不定已翻过来了。二、"莺歌燕舞"别高兴,"满脸旧社会"也先别哭,加权平均,准对!(2014-08-20)

白巨婴:兼听则明啊。

轻听心语:不公正,带有利益的宣传,贻害无穷。

红螺山下:还是要分析着看,比较着看。想起了一个段子,北京时有雾霾骚扰,相关部门群策群力,用好油、少开车、查工地、封烧烤、压燃煤、不放炮,某TV采访一个村子里的老婆婆:"请问您怎么看放鞭炮这件事?"老人疑惑了一下,说:"我趴窗户看。"

狼王手记

麦克传声，不能失真

巴松狼王：

> 媒体人和新闻发言人都是做传播的，传播就要会讲"故事"，但"故事"要经得住事实和时间的检验。传播不能因为怕挨骂就不敢说真话，更不能为赢得一时的掌声，就要编假话。大凡热得快的东西都冷得快，舆论冷静的过程，自然会沉淀出认真的判断。对污染不能淡定，对故事要适度淡定。（2015 - 03 - 07）

网友互动：

匆匆过客小松： 👍狼王所言甚是！

北京晓梅： *故事要经得住时间的检验和大家的评论，首要前提是真实。*

红螺山下： *实事求是就好，没有必要哗众取宠，也不该欺上瞒下。*

这条微博是为了回答一些朋友的提问而写的。2015 年 3 月初，一名央视原记者发了一个环保题材的片子，一时引起热议，据说网上点击量超过 1 亿，其实在瞬间可成"网红"的年代，这并不是一个多么了不得的数字。我看，这个作品起码有两个不妥：一是作品一上来就交代她的女儿还未出生就得了病，并说这是"我跟雾霾的私人恩怨"。看到这儿不少人会觉得，这孩子的病是雾霾造成的。其实两者什么关系都没有。这种"影射"的手法似有误导公众之嫌，通常说这是不良媒体的做法，这在传媒行业是有违职业道德的。二是作者采访了很多权威、名人，她得到的材料是十分系统、全面的，但引用却支离破碎，所选内容完全服务于先入为主的观点。

环保不拒警示，但对雾霾的警示多年已成大势，此时再说，多一声不多，少一声不少，缺的是解决方案。所以，有位原央视著名主持人说，这个作品对作者本人的意义重大，对推动雾霾治理积极作用近乎零。

我确实不想引起无原则的纷争。只希望大家对于舆情，特别是对于网上的舆情要适度淡定。犹如我在一条微博里形容吃元宵：表面都是白颜色，心里黑红各不同，若要品得真滋味，细嚼慢咽得从容。

曹林出了一本评论集《快时代慢思考》，邀我写一句话。我说："慢不是速度，慢是'品'。祝吐槽青年（曹林微博名）在评论的路上越走越有'品'。"这话我是直抒胸臆的，人们经常称赞写评论的人手快，以为评论只要快，其他就不用管了。评论当然要快，尤其是时评，一个事儿发生五年了你再写一篇时评，估计就没什么用了。但是如果一篇时评五年以后还有人找出来看，那肯定是有点儿价值的了，只有这样的评论写多了才是好评论员。所以，评论应该追求的是这种"品"，一篇新闻稿、一条微博也如此，微博其实既是新闻也是评论。

巴松狼王：

时有猎杀食用各种动物的消息见诸媒体，在多数人声讨谴责的同时，也有人发问：鸡鸭猪牛羊一类就可以吃吗？好像是，吃过这些，就没理由反对滥吃动物，其实这完全不是一回事儿。一、食用肉类不能挑战法律和正常饮食文化习俗。二、尽量少吃肉更环保、低碳。三、坚持中国人合理的饮食结构，不能什么都吃！（2014-03-26）

网友互动：

云南写手风之末端：尽量少吃肉更环保、低碳。——这说法不科学，如果人类不吃肉，地球的植物资源是无法支撑人类饮食需要的，地球上的绿色都要被吃光！

云南写手风之末端：佩服你的思维！我会把树叶不能吃的树砍掉，种上白菜。

巴松狼王：

回复@云南写手风之末端：您老吃树叶？

时晴快雪：我可以说自己无法接受食猫的行为，但那只是我个人的想法，并没有一种公认的道德基准来评判这件事。其实博主提到法律和饮食文化，也是想找一个更强的理由，而不仅仅是出于对宠物的怜悯。

狼王手记

向"以总量控制为核心"拍一砖

最近，国家环保部有个非常好的动向，就是今后的环保工作，把"以总量控制为核心"，改成"以环境质量改善为核心"。这无疑是件好事，用网友们的话说，用什么方法那是你们的事儿，我们就关心结果：环境年年有改善。转悠了半天，这回也许找对门儿了，环境质量改善应该有指望了。

为什么这么说？"以环境质量改善为核心"，就是照直拿环境质量好坏说事儿，一个地方一个单位，一个时期内，水、气、声、生态等各种环境要素都向好了，那就是好地方、好单位，反之，就不是好地方、好单位。当官同理，用环保的眼睛看，为官一任环境质量改善，你就是好官，反之，你就是不称职的官。这样不仅业务上好操作，老百姓也看得明白、好监督。

而"以总量控制为核心"则不同。所谓"总量控制"就是以污染物排放总量增减为环境好坏的衡量标准。污染物排放总量增了就算差，减了就算好，污染物多少当然与环境质量好坏有关系，但用它来评价，肯定是比直接用环境是否改善来评价要多绕一个弯儿。

问题就出在这个弯儿上，总量控制的基本办法，是环保部先要给各地污染物排放核定个基数，然后每年派出检查组，按一系列公式对各项污染物的增量和减量进行核查。由于总量增减的统计、计算、核定主客观影响因素很多，核查的结果和环境质量实际改善的情况就会有出入甚至背离，说白了就是有误差、有猫腻，大家都跟数据较劲，所以此办法施行了十年，环境质量的改善效果谁都不满意。

大家都知道环保的工作目标是环境质量改善，跟这个目标比起来，其他都是手段。用总量控制当目标和以环境质量改善为核心、以总量控制做工具，那是截然不同的两回事儿。总量控制作为手段、工具，无论是对重点项目、单一要素，还是对区域生态环境而言肯定都是需要的。而用总量控制评价的要害，就是把手段当成了目的。

如果非说总量评价环境质量有效，那必须以环境要素全面达标为基础，先说清环境容量，不然还是说不清污染物排放总量对环境质量的影响。好比一瓶墨水，倒进一杯水里，这杯水肯定没法喝了，但如果倒进桶里、缸里、湖里、河里、海里，那情形可就大不一样了，容器大小不同，自净能力也就不同。

早在环保部提出以总量控制为核心，并开始与各地政府签署责任状之初，就有很多人批评这种做法。我当时的说法就比较直接、极端。我说，如果坚持用总量控制的方法去考核各地环境质量，结果肯定是全国各地都能完成任务，只有环保部完不成任务，因为在各种无节操的人手里，总量就是算出了负数，环境质量也好不到哪儿去。

因为大家都可以通过你们的核查分别过关，而最终全国的环境质量改善不了，那时候你们怎么向全国人民交代？结果，不幸被"老衲"言中了。

大家说，这不是都说改了吗？问题解决了，你还嘚啵什么？我是有毛病，不管得罪不得罪人，不把事儿说直白了，心里不舒服。改了好，但改了也得有个到位的说法。

中国环境新闻网发了一篇署名文章，说"以环境质量改善为核心，不是对总量控制的否定"。这我就不明白了，不是否定？如果总量控制的方法好好的，那你改它干什么？

改变并把话说明白，当然会涉及一些人的政绩、面子，但到底是一些人的政绩、面子重要，还是全国人民的福祉、中华民族永续发展的大局重要？总量控制评价用了十年，环保系统当然是熟门熟路，这样省事、保险，改成环境质量改善评价，还要创新思路想办法，弄不好还得负责，肯定会有阻力。不过话说回来，一点儿担当都没有，这工作还好意思做吗？

以环境质量改善为核心替代以总量控制为核心，不能不说是全国环境管理思路的重大改变，也是关系到全国人民关注的环境问题是否能够得到很好解决的重大事项。这样的改变，应该充分讲清、讲透道理，如果把这种改变说得这么含蓄、暧昧，一是让整个环保系统看不明白，二是让全中国老百姓听不明白。

环境质量改善非常需要良好的工作氛围和社会舆论氛围，"两个不明白"，怎么形成良好氛围？怎么能最大限度地凝聚社会各方面的力量建设美丽中国？

网友互动：

中国环境新闻：【坚持以改善环境质量为核心不动摇】污染减排是改善环境质量的重要手段，改善环境质量则是污染减排的出发点和落脚点。

应完善总量控制制度，使之更好地与环境质量改善相衔接，并为环境质量改善服务。坚持以改善环境质量为核心，认识上不能模糊，实践中不容动摇。

巴松狼王：

有点扯。用总量评价和用总量当工具，完全不是一回事儿。用总量评价并确保方法科学、效果好，过去绝不是，眼下不可能，将来不知道。

RBC 话里话外——立新：您不妨详细说说"用总量当工具"与当前大气污染及环境危机之关系。因为之前我一直认为我国公众对环境改善的巨大成就感觉太麻木、太迟钝了呢。

巴松狼王：

抱歉，今天说了一下午别的，没完成答应你的事儿，我抓紧写一篇试试。

RBC 话里话外——立新：我只能这样说：杜先生是一位老实人。也许有人会说，你貌似对这位受人尊敬的老哥评价不高？其实您有所不知，老老实实做人做事并不是您想象的那么容易的。杜老师做到了，这让我很感动。

巴松狼王：

感动确实是最高评价了，谢谢！

RBC 话里话外——立新：您别客气！我是向您求教，也是想解答数年来困扰我们的一个问题：为什么政府口口声声说环境在改善，而和老百姓的实际感受差距如此之远？

狼王手记

敏感问题多，问题是怎么敏感的？

敏感问题多，问题是怎么敏感的？少说、只做不说？政府还可以只做不说吗？

这个题目，是一次培训班上学员的提问引出来的。一次卫生系统的培训结束，一个学员提问：当前医患关系紧张，矛盾很多，我看卫生系统的敏感问题比环保系统的敏感问题还多，您能不能给出个招儿？

我说，这个问题不好回答，不是我回答不了，也不是不敢回答，而是说了你不服气。简单说，北京奥运会前，国际上公认北京有两大难题，一个是交通问题，一个是环保问题，没听说还有卫生问题。而且人家说交通对北京奥运会来说不是问题，集中力量办大事，全国、全市一动员，交通保证畅通无阻。环境问题复杂得多。如果我这么说，你会说我以势压人。但要复杂地说，得做个课题，要统计论证，结论也会有很多难点，你也不会服气。那么我们换一个角度解答这个题：敏感，问题是怎么敏感的？举一个你们都非常熟悉的例子。你的一个病人得了癌症，晚期。你跟他说，回去料理后事吧，最多一个月，快的就一周。他立刻晕过去了，不仅他晕了，家里人也晕倒了一片。为什么？太敏感了！但是如果不是这样，当他还是一个健康人的时候，你就向他传播身体健康的知识，他不听，结果得病了，你又跟他说怎么治他的病，他仍然我行我素，终于有一天检查出癌症了，你告诉他现在配合治疗不晚，他还不听，接茬儿"作"。癌症晚期了，你跟他说这个结果，他还会敏感吗？不会了，因为他参与了全过程，你们双方的信息始终是对称的。而我们很多工作不是这样，都是不出事不说话，出了事儿也是能捂就捂，捂不住的就"蒙"，"蒙"不过去不仅事"撂"了，人往往也被"撂"倒了。

过去政府多做少说、只做不说也许还有积极的一面，现在不行了，依法行政基本要求就是要做的就必须说，不能说的也不能做，不说就做了那肯定是有"猫腻"。而且我们也要改一改决策程序，不能决策前什么都不说，决策后让大家去"理解"。决策前要充分讨论，决策后依法、依规坚决执行。

有人提议掌握公共信息的人必须公开，不然就是犯罪，为此应立法强制做到，这种观点我很赞成。把公共财物据为己有叫贪污、侵占，把公共信息隐瞒下来也应该承担同等性质的罪责。

巴松狼王：

昨天挺晚的时候，又见了两位朋友，一位是一知名企业的媒体总监，一位是曾经的 CNN 记者，北京奥运会时采访过我几次。说起气候变化、空气质量、公共关系等时下敏感话题，大家仍是充满激情；两眼放光，当然少不了"唇枪舌剑"，这是让人很痛快的碰撞。总的感觉，大家都在进步、接近、与时代合拍。（2012 - 07 - 25 ）

网友互动：

木康欠你一个 fly：人口的压力和环境的友好总是相悖的。或许只有平衡地域差异了，才能解决这一切。

熊焰：狼王真的挺忙！昨晚先和我请国务院研究室副主任，又去见发改委气候司领导，又同媒体谈话！注意劳逸结合呀！

巴松狼王：

做客人民微博微访谈，有人问：怎么应对环境敏感期？我回答：公开、共识、互信是治疗环境敏感问题的良方，也是解决环境问题的基础。又有人问：微博应该怎样沟通？答：无论在哪儿，与人沟通最重要的是真诚。要当本色演员，不能人前一套人后一套。人生有多个角色，但心肠就一副，各种场合都要整容，你得多累呀？（2013 - 08 - 02）

蓝色互动在路上：建立环保共识，普及环保常识，各级政府及有关部门，媒体以及相关社会组织责无旁贷，应当使广大民众在喜闻乐见的形式中，不断接受环保知识的熏陶，从而不断支撑起更加科学全面的环保意识，更加理性地把握环保的行为取向。如是，我们才能更好地凝聚环保力量，也才能平稳度过"环境敏感期"。

王哲晓：先从环境数据公开做起。

邢栋 SBS：说得好！🌸做事能够凭良心最重要！

北京自由单车：总有一天单车爱好者会穿上印有"绿色出行是真的吗?"文字的骑行服在铁道总公司、在环保部门前"刷街"，看看你们到底怎么说。

蓝色互动在路上：本色做人，角色做事，物尽其力，人尽其才！

担水做饭：仅仅做到第一步的"公开"，就太难了！

人民微博：♯大智汇♯【杜少中："环境敏感期"如何建立环保共识?】当前，中国社会正步入一个特殊的环境敏感期，因为缺乏共识而频频发生的环保事件再次为我们敲响警钟。"环境敏感期"该如何建立环保共识? 明日 10 时，原北京市环保巡视员、新闻发言人杜少中做客人民微博与您在线交流，敬请关注。

巴松狼王：

治理水污染，从根本上说就两种办法，一是加清水稀释，二是有针对性地治理。治理网络乱象也该如此。一是要给公众足够的真实信息。二是毫不客气地回应虚假信息。同时，也要实行问责制，谁管的范围乱象纷呈，谁不出来说话谁负责。谁惹事砸谁的饭碗，看他还敢造谣。还是那句话，不动帽子、不动票子，不叫动真格的。(2013 -08 -16)

补天阙：老狼，加清水稀释虽然能降低浓度，但是没有减少排放总量啊。

好好天天 555："谁惹事砸谁的饭碗，看他还敢造谣。"对这句话另外多说一句：个人认为砸某人的饭碗和找临时工的做法大同小异，应在追究个人的有限责任的同时，反思发言机构的制度缺陷，由组织道歉和拿出避免类似事件发生的制度方案。这应该是官方对某些违规企业的处理方式，不妨也用在自己身上试试。

107

此木胡杨：政府确实反应太慢，不适应自媒体的新形式，不愿说，不敢说，不会说，大道没有，小道横行。

巴松狼王：

回复@此木胡杨：尽快地去掉这些"不"，小道自然小，大道自然通。右边的微博越来越亮了，加粉加油！😁

蓝色互动在路上：对待眼下的网络乱象，得完善法制，否则无"网"不"乱"，只会疯狂演绎，还得积极探索自律、他律及技术保障三位一体的管控模式。😊

巴松狼王：

治理大气污染，就像笑话"治罗锅"。不管死活，直了就行，好办，使劲一压即可。直了并保活，比较难，直了且生活不受任何影响，就更难了！故事纯属玩笑，但下面不是笑话。凡治重病者，既不可操之过急，又要只争朝夕！（2013-10-13）

孙之印：巴松狼王愤怒一声吼，该出手时就出手，注意休息啊领导！

中传老王：兼顾难，更难的是不受干扰，科学规划实施。

张微微V：绿水青山不能全靠政府主导，还要大家共同参与。治理污染是一场持久战，您的比喻非常生动形象。

笑映人生：您总是比喻得那么到位。👍

乐水行张祥：公众参与，一是监督政府部门落实环保法律和规定，依法管住污染源；二是从自己做起，从每个家庭做起，从每个工厂做起，通过改变生活和生产方式，全民合力推动解决污染问题。

绿行者：问题是长久积累造成的，改变不可能一蹴而就，但行动需要马上开始，容不得拖延。

蓝色互动在路上：禅师教新来的小和尚们识字，问："苹果是什么颜色的?"大家七嘴八舌，有说红的，也有说绿的。只有刚七岁的明尘说："是白色。"大家都笑话他没吃过苹果，他一撇嘴："所有苹果咬下去，里面不都是白色的吗?"禅师笑："是呀，我们常常只看到事物表面，而错失了它内在的本质。"

巴松狼王：

节前在保定论坛上，我晒了一个观点：淘汰过剩落后产能，放弃高碳发展，"牺牲"GDP，是切除毒瘤，不是壮士断腕。低碳发展与GDP拉动，最大的区别是用不用脑子，所以说低碳发展是智慧发展。回来想起这句话还差半句：现在不少官儿就是情商太富裕，智商不够使。殊不知，当官有任期，德行无时限。(2014-05-04)

伊曼努尔：智慧发展太慢太缥缈，五年之内没有真金白银前程可就断送了。😊

侯宁：为高碳买单的时代来了！

绿行者：用低碳发展的尺子比一比谁更智慧，简单、直观、有效。

Allexa：同意。想不做世界的污染工厂，那就得靠出卖脑力。

陈默13579：社会中的一切问题，都是由缺失科学管理造成。

八大商人：什么都能从博主一厢情愿的环保角度出发吗? 问题是，梦想很丰满，现实很骨感，那些曾经在污染企业就业的工人怎么办? 你能像切毒瘤那样把他们都切掉吗? 说是壮士断腕，恰恰意味着我们中的某些人需要为环保付出经济的代价。在享受环保的空气时，希望大家不要忘记这些做出牺牲的人。

小月雨田：淘汰过剩产能，这的确是关键，但是，必须控制好度。新增产能，有一个过程，尤其是一些民生行业，比如能源行业，说得再细一点，比如电，谁都知道煤炭发电污染大，但是，以中国目前的状况，

109

大力推广风能、太阳能以及核能，需要多少时间，才能替代目前的煤炭发电？

巴松狼王：

过去取暖是屋里生煤球炉子，不卫生，不安全。现在改用清洁能源，又干净又放心。我就不明白，为什么有人一定要把环保和经济发展对立起来，说到底不就是绿色低碳发展费钱费事费脑筋吗？有个提法叫智慧发展，没智慧就别发展，没智慧只能黄鼠狼下耗子——一窝不如一窝，我替大伙求求您，别再傻发展了。@杨明森（2013－10－10）

守家待地：发展经济忽略环保成本就是傻发展，必须要把环保记入发展成本。

光的诺言2004：北方家庭取暖设备应该升级，既污染又浪费。

好好天天555：需要有机制去制衡。无有效的制衡，求爷爷告奶奶，求良心发现，太低效了。执政也是需要智慧的。

蓝色互动在路上："傻发展"关键还在于个中利益的博弈，无视环境且单纯追求利润的落后产业迟早要被淘汰。智慧发展最重要的是要不断回归舒适、休闲、健康、安全和文明等人类最基本的追求，同时使人居环境更贴近自然，与自然和文化更和谐。

小ren物_中原：过去是煤球炉子，现在是清洁能源……什么能源？贵吗？老百姓负担得起吗？城市有集中供暖，农村怎么办？俺们老家现在冬天取暖还是煤球炉子。

jojo薛尒姐漆妸奈：什么时候烧暖气的大锅炉也能消失呢？

杨明森：低碳、绿色，是智慧选择，笨人不懂，小聪明不为。

巴松狼王：

在很大程度上，微博是个批评的园地，这没什么不好。但也不能看不得谁好，习惯性把人往坏里想。"人之初，性本善。"茫茫人海，恶人几何？对好人好事不要吝惜美好的语言，该赞美就得赞美！@杨明森@侯宁（2014-05-22）

疯跑的小男孩：正能量！

红螺山下：网络的天空也有真情，遇到感人的事，多数人都会转发、赞美，遇到真正不好的事情，也会批评。网络的世界更需宠辱不惊，淡定，淡定，淡定。

巴松狼王：

当年，有境外媒体采访我，说美帝国主义亡我之心不死，谁都可以这么认为，官员不能！我说，官员不这样认为，那是他缺心眼儿！美帝国主义不仅亡我之心不死，亡世界上哪个国家的心死过？他（她）无语了，因为这是被反复证明的、无可争辩的事实！谨以此博送给台上台下崇美的"汉奸"们！（2014-05-14）

修德十世成正果：是啊。在中国骂美国，比在美国骂美国危险得多。这是为什么呢？国人肿么（怎么）了？

巴松狼王：

昨天，有人跟我说："在中国骂美国，比在美国骂美国危险得多。骂美国两句，美国不会怎么着，可有些中国人就跟死了亲爹似的。"我不信，晚上就发了条"惹事儿"的微博，结果真灵，要是刚开微博的，非吓坏不可。当然不是一边倒，评论的不分析，点赞、转发力挺的不少啊！（2014-05-15）

passageman：只要怀着中国心就可以了。

吾正浪费一生：真正的原因是：中国人长期缺乏能够充分表达自己

观点的平台，情绪得不到释放，就像火山一样，压抑得越久，爆发得越厉害，所以，有了网络以后，中国人的情绪总会借着各种由头和平台爆发出来。

神仙老虎狗：中国人民和美国人民又多了一个共同点，就是都喜欢围绕美国的好坏进行自由争论。

Ssssssscy：中国人不能骂中国？批评不自由，赞美无意义。

果子熟了就去摘：贫穷也罢，落后也罢，做中国人不丢人！国力在增强，经济在发展，民生在改善，政府走向清廉，腐败得到前所未有的惩处……当然骂声四起正说明言论自由，周遭叫嚣是因为大佬挑唆。不能看不到进步，只看到阴暗。

南海是俺们的：把美国当爹的确实大有人在。不过他们中也分几类。从另一方面看，他们的存在，有的也能推动中国进步。只不过有些人，把美国看成大公无私的人类救星，说明我们这方面的教育多么失败。

太空充气娃娃：冷战结束后，以美国为首的西方列强，并没有像我们有些人一厢情愿地想的那样，放弃"冷战思维"，而是变本加厉地仇视社会主义中国。

釉籁浒缘：任何一个国家的希望都在年轻一代，童鞋（同学）们，如果你对中国的发展持有强烈不满，更多的应该是努力去改变现状，而不是做这种无谓的选择。

凄夜：作为中国人，为了能使我们的后代更高傲地喊出"我是中国人，我爱自己的祖国"这种话，我们必须要一起努力。

最爱刘利华：中国的民主，必须而且只能由我们中国人自己逐步摸索争取而来，这是毋庸置疑的。

巴松狼王：

举个小例子：路上对在用机动车超标排放执法，过去罚 100 元，现在提高到 300 元。但一般程序不能当场处罚，要经过九道程序。车主说，我耽误不起这工夫，给您 300 元什么都不要行不？按规定不行，因此矛盾不少。据了解，这个问题仍然没有解决。@无敌爱吃鬼彤彤向@巴松狼王 提问：#防治雾霾从我做起#环保执法难到底难在哪儿?（2015 - 03 - 06）

上海姚 GDG：机动车排放超标凭什么要处罚车主？

bridgeer：耽误不起工夫，那让他耽误工夫就是最好的处罚，比如罚他社区服务一周等，就是不罚款。

生态梦人：当前，环保执法难还不在处罚额度把握上，而在处罚后执行难上。据了解，有的连罚三次执行都不能到位，有的被罚者是政府执法部门，执行就更难了。怎么办？请支招！

袁国宝：有法不依才是一切问题的根源！

英台怒打梁山伯：许多工厂夜晚排污、排烟，甚至是光明正大地排放污染物。可谁来管呢？怎么管？简单地罚款？几万？还是几十万？对于大企业，区区几十万根本不在话下，还不如处罚力度大，罚他个年收益的20%～50%！一棒子打得心疼才会记住！

113

第三部分

精于术而明于道

狼王手记

新闻发言人的"三个没有"

我曾写过一篇文章，叫《新闻发言人和媒体的"三个没有"》。主要分享了下面三个观点：一、新闻发言人和媒体"没有关系"，它们都是渠道，它们的关系实质是发言人所代表的机构和公共的关系。二、新闻发言人和媒体都"没有阴谋"，争取话语权、议程设置权，提出问题、引导讨论、给出结论，都是各自的职责，都是"阳谋"。三、新闻发言人"没有技巧"。如果你不熟悉你自己做的是什么，说的是什么，对自己的工作不能融会贯通，那么"神马"（什么）技巧都是"浮云"。

一家环境媒体就相关问题采访我，以下是部分主要问答内容。

记者：您有个观点，新闻发言人和记者或媒体之间没有关系。您也曾说过，二者谁也离不开谁。那这二者究竟是什么关系呢？

答：我常说新闻发言人的三个没有：一是跟媒体没有关系；二是和媒体没有"阴谋"；三是没有技巧。说二者没有关系，要强调的是不要只关心表面，关键要关注实质，看不到实质，表面的关系就没有意义。二者的关系本质上是新闻发言人代表的机构和媒体传播对象公众的关系。说二者谁都离不开谁，就是嘴巴和麦克风的关系。嘴要说话，不能哑巴；麦克风传声，不能失真。一个是渠道，一个是要传播。媒体是形式，新闻发言人是内容。形式再丰富，没有内容不行。内容再好，传递不出去也不行。二者结合，才能创造辉煌。新闻发言人追求正面、准确、不出事；媒体追求冲突、放大、可持续。新闻发言人是掌握信息的，记者是负责挖掘信息的。各自讲故事，这都不是"阴谋"，只是"阳谋"。新闻发言人不要抱怨记者给自己挖坑，挖坑可以不跳，掉进去说明技不如人。记者设置议题，新闻发言人也要设置议题，设置得好，记者会发现新议题和修改议题。谁有议题设置的主动权，谁就有传播的主动权。如此看来，双方的议题和讨论都是"阳谋"，是需要共同努力完成的"阳谋"，共同的追求是报道真相，让公众获取更多有用信息，这是殊途同归。我有个比方，新闻发言人和媒体就像油炸大麻花：两根面得一般齐，一长一短信息就不对称了；得紧紧拧在一起，一根不合作，两根都不好过；要放油锅里炸，火小了不行，火大了就有倒霉的了；还要讲品牌，要吃"天津十八街"大麻花。

记者：您说新闻发言人没有技巧，这个提法恐怕会有不同意见。

答：说新闻发言人没有技巧，要强调的是，必须熟悉业务。技巧都产生在熟悉的事物中，如果不熟悉所说所做的事，什么技巧都是"浮云"。比如，关于空气质量，我曾发表过如下观点。我不赞成用照片评价空气质量，照片作为一种视觉产品，不能反映空气质量的本质特征。天空看上去雾蒙蒙的，可能和气象条件有关，也可能和污染有关。在一间浴室里，雾气很大，可能看不清对面的人，但那里没有空气污染。空气中污染物浓度较高时，也会出现这种雾蒙蒙的效果。两者看上去一样，成因却完全不同。因此，判断空气质量是不是达标，不能依靠照片，也不能仅凭感觉，而要相信科学，依据监测数据，区分自然现象和人为污染。这个比喻得到了业内专家的肯定，但有位著名新闻发言人引用这段话时总用不对劲儿，不是因为他不懂技巧，而是他不了解这"节骨眼"在哪儿，还是业务知识不熟悉的缘故。我可以不说，也可以少说，但从不瞎说。我曾发过这样一条微博：不同的人群喜欢听到不同的话，领导喜欢听不惹事的话，公众喜欢听邪乎的话，媒体喜欢听有冲突的话，没有人喜欢听真话。真话没那么邪乎，也不一定那么有冲突，但多少都会惹点事。

记者：是否可以这样理解：您认为业务熟悉是做新闻发言人最根本的技巧？如果把这个观点延展开，是否可以说，熟悉环保业务是环保宣教工作的基本需要？

答：现在都说要培养跨界人才，我认为环保工作特别需要跨界人才，要既懂环境业务，了解相关业务，又懂现代传播。不仅要跨这两界，还要有能力做科普，把专业性强的环保知识和工作，通俗易懂地传递给公众。不应该以环保专业性强为由，就只用术语说话，让公众听不懂。还以大气污染防治为例，公众经常和政府有尖锐的对立，因为信息不对称，公众认识肯定和政府有距离。当然，做到信息完全对称是不可能的，但宣教工作就是要让信息不断地趋向对称。只有对称，才有讨论和对话的基础。信息不公开就难免被怀疑。比如大家都爱说"真相"，"真相"是什么？一根冰棍儿掉在地上，第一个人看见的是一根异样的冰棍儿，第二个人看见的是裂开的，第三个人看见的是裂了并开始融化的，第四个人看见的是一根棍儿和一摊泥水，第五个人看见的是一根棍儿和一个湿的印迹。传播讲究通过讲故事的方式方法，让公众获知信息，了解事实的真相，包括利用新媒体与公众进行互动，这是十分必要的。

记者：有人感觉跟媒体不好打交道，您为什么能跟媒体成为朋友？

答：也有"打"过的。我跟一个媒体"打"了近一年，最后跟它们说，如果你们认为自己是引领时尚的媒体，那么责任不仅是提出问题，还要为公众科学解读，不是炒过议题就完事，吵到沟里去之后，还得吵到路上来。最后它们刊出一个整版报道，算是给我"恢复名誉"。当然，我不认为它们对我是攻击，只是观点和出发点不同；我也不认为它们是给我恢复名誉，该说什么还说什么。以前它们说我什么我都忍着，但是有了自媒体之后，我不受这个气了。当然，跟媒体成为朋友是需要过程的，需要多层次的沟通，包括与媒体领导层、部门层面和记者层面。总体来说，就是要做到长期策划、短期沟通和随时联系。我和媒体的关系有三个高潮点。一是 2006 年的绿色出行；二是 2008 年的北京奥运会；三是 2011 年关于"雾霾"的论战。2012 年，还有一个意想不到的情况，就是关于我的离任，好多家媒体做了长篇报道，最"夸张"的是《北京晚报》，它们以《狼王离任》为题，用了三版文字、一版图片向我道别。我想媒体的报道起码说明两点：一是大家认可这份交情；二是它们知道我不忌讳"庆祝下台"。我当新闻发言人的最初两三年，发表信息和观点需要请记者来报道。后来慢慢地，记者会希望参加我们的新闻发布会，希望采访我。再往后，有点名气了，记者只要采访到我就可以了。这就是说，我们拥有了议题设置的主动权，记者会追着采访，想采访我，那当然得听我怎么说。尤其是现在有了自媒体，除了可以主动发声，稿件都不需要审了，记者写错了，媒体发错了，我可以在微博上予以纠正，真正做到"文责自负"了。

狼王手记

PM2.5 让我经历了两次"奥运会"

奥运会时我经历的最经典新闻发布会

2008 年 8 月 8 日，北京奥运会开幕的当天，上午 11 点到 12 点，也就是奥运会的主新闻发布时间，我被临时通知来到奥运会主新闻中心召开新闻发布会，说明北京空气质量。一上来我说："朋友们，大家上午好！本来以为在开幕式之前没有机会跟大家见面了，但是连续几天的'水蒸气'，把我'送'到这里，和大家再见一次面。其实这也是一件好事，这是让大家更多地了解北京，了解北京的夏天。北京的夏天确实是比较丰富多彩的，它除了有晴天、多云天，还有阴雨天、大雾天。随着大家对空气质量的关注，大家更多地关注到我们污染减排的情况，正像大家以前了解的，从 7 月份以来，特别是 7 月 20 号以来，奥运期间的临时减排措施已经全面实施。因此我们可以有充分的理由说，我们这个城市目前排放水平已经远远地低于平时的排放水平，所以空气质量改善是情理之中的事。在这种情况下，正是和气象条件有关，我们得到了 8 月份以来的这组数据，1 号至 3 号，空气污染指数（API）分别是 28、34、36。4 号至 7 号，API 分别是 83、88、85、96①。这组数字最起码说明两个问题：第一，城市的污染排放水平总体大幅度地下降。第二，只要是晴天或者多云的天气，我们就可以达到一级天，即便气象条件不利于污染物扩散，也仍然是达标的二级天。"其实这段话的作用就是给自己压压惊。

当时的情况很特别，当晚就要举行奥运会的开幕式，本该把目光转向体育赛事的境内外媒体仍然都非常关注空气质量情况。原本在这之前，是没有安排这场发布会的，我接到通知马上赶往发布会现场，丝毫没有准备，只是

---

① 空气污染指数（API）的分级标准是：一级，API 小于等于 50，空气质量优；二级，API 为 51～100，空气质量良；三级，API 为 101～150，为轻微污染，API 为 151～200，为轻度污染；四级，API 为 201～300，为中度污染；五级，API 大于 300，为重污染。

在路上思考了可能遇到的提问，以及如何回答。当时我只有一种心理准备：壮士一去不复还。因为此前，我和我的领导有一段对话。由于临近奥运会，我被频繁安排参加发布会，我的领导说，他们是把你豁出去了。我说，那怎么办？不去？他说，那怎么行！我说，大不了，奥运会后我就不干了。我的领导说，你能不能干过奥运会还不知道呢！

在从局里到新闻中心的路上，我打了两个电话，请中国工程院郝吉明院士、北京气象台郭虎台长和我一起参加发布会；接了两个电话，都是我的领导打来的。这绝对是不同寻常：以前，任何一次发布会我的领导从未打过电话也没说过什么。第一个电话他说今天很重要，我说明白。也就几分钟，他电话又来了，说市领导要我转告你，一定要顶住。我说，明白，您要是再来一次电话，我就上不了台了。

我的开场白现在看起来还算说得轻松，其实是带些调侃的，一来为了给自己打气，二来也试图缓和紧张的气氛。说完了上面一段话，我又说了下面的内容："当然，大家更关注眼前，可以向大家通报，昨天我们的空气污染指数（API）监测数据，首要污染物为可吸入颗粒物，是96，同时二氧化氮、二氧化硫、一氧化碳分别是16、14、15。我们感觉到雾还比较大，看上去视觉效果不是太好，我们在新闻发布厅附近的监测站，在鸟巢和水立方的南侧一点的位置上设置了监测站，它显示的数据小时的API值在80左右，浓度在110左右。一会儿如果哪位媒体朋友有兴趣，并且可以到中心区的话，欢迎到我们那个站上了解监测的情况。"

我说这段话，是为了传递出权威自信的声音，这也是我们努力的目标。发布会结束后，没人跟我去看让人心里很不踏实的监测站。

这是我经历第一次奥运会时最经典的一次新闻发布会，那时候问PM2.5的只有个别的外国媒体，国内媒体还没人问。

第二次"奥运会"要把我逼疯了

还是因为PM2.5，时间从2008年8月来到了2011年11月，空气污染引起了国内公众的广泛关注，特别是一些"大V"在网上网下跟我进行了多次交锋，从这个意义上说，2011年底，相当于我的第二次"奥运会"，又得把PM2.5给大家反复解释。不同的是，北京奥运会时是外国人问，明白不明白过几天就走了。2011年是中国自己人提问，你走都走不了，说不明白就没完。而且大家不仅要数据，更重要的是还要改善结果，因为我们生活在同一个空间。还有一点不同，我们对PM2.5的感知更丰富了。所以，2013年，在由新浪环保频道和中国环境科学学会联合主办的"2012绿动中国年度盛典——见证环保绿能量"活动中，针对 PM2.5，我给大家做了个形象的解读：PM2.5 就是颗粒物中的细颗粒，比如我们抓了一把土往天上一扬，空中出现一个尘带，悬浮着、粒径在 100 微米以下的叫总悬浮颗粒物 TSP，粒径在 10 微米以下、可被人吸进呼吸道的叫可吸入颗粒物 PM10，能够吸进肺部的是 PM2.5，能进入血管的是 PM1。这些颗粒物的特性是：一是从大到小逐次包含；二是越小的粒子飘浮在空中的时间越长，飘得越远，被吸入的机会越多，吸入人体内越深，对人的健康危害就越大。

经常有人夸我，说这些比喻好，合情合理，也问我都是怎么想出来的。其实，我都是被逼出来的：再不说明白，我就被逼疯了。当时的一条微博写了这种心情。有人咒我死于肺癌，我说我一定死于失眠。当然，您不用担心，我每天睡着都是在脑袋倒向枕头的路上，躺下 5 分钟睡不着就算失眠。

狼王手记

法新社记者三问 PM2.5

PM2.5 的事,北京奥运会之前都是外国人问,中国人不问,和 2011 年底的情况相比最多算是预演。2008 年前后,有个法新社记者,年纪也不算轻了,见了我三次,每次都问 PM2.5 的事,被我们私下起了个名,就叫"PM2.5"。奥运会那一年我接受了 1 400 多人次的外国记者采访,那时中国记者对 PM2.5 还很陌生。我们干环保工作的,当时对 PM2.5 有些了解,但是科学普及得不够,特别是不能用通俗易懂的语言告诉公众。国际上也只有美国 1997 年将 PM2.5 纳入了国家标准,2007 年开始监测。其间隔了 10 年的时间。法新社这名记者采访时,我也只能做概念上的解读,因为我自己还没有可供报道的数据,第一次采访完,没两天又采访,还是问 PM2.5,可能当时觉得听清楚了,回去一落笔又不知所云了。第三次,他在发布会后又提问,一张嘴我们异口同声地说"PM2.5!",周围的中外记者都很诧异,不知道我们在说什么,下面的照片就是当时的场景。

"神马"技巧都是浮云

巴松狼王：

讨论新闻发言人与媒体的关系，我说了"三个没有"。一、新闻发言人与媒体"没有关系"，关系的实质是新闻发言人所代表的机构和公众的关系。二、新闻发言人和媒体都"没有阴谋"，议程设置是共同完成的"阳谋"。三、新闻发言人"没有技巧"。如果不熟悉你自己做的、说的是什么，对自己的工作不能融会贯通，那么"神马"（什么）技巧都是浮云。（2012-04-26）

网友互动：

小湘 2016：这个"阳谋论"甚是真实啊。

QY 可可：回复@巴松狼王：狼王的真诚，博友们能感受到。

乳源木莲：实践出真知，斗争长才干。

环保海青：狼王的微博总能让人思考，学习了。

九三朱良：发言人的至理名言：假话全不说，真话不全说。我想还有废话不常说。

巴松狼王：

回复@九三朱良：有前两条就够了。我这样说的：我可以不说话，可以少说话，但绝不说瞎话。

九三朱良：很对，不过在不少部门的通稿中，还是有一些正确的空话，现阶段新闻发言人难以避免这些话，可老百姓不爱听，所以能少说的还是要少说点。

8-7-7-：杜局对自己的工作阐述得叫人没得说，欣赏！

巴松狼王：

写微博得坚持内容好、文字好、图片好。就像看人，得让人觉得好看、耐看、愿意看。三条要是一条不占那可就是雨果的名著——《悲惨世界》了。(2012-04-26)

一树烟柳：这要求看着简单，要做到可不容易啊！

白巨婴：您的微博坚持得不错，因为粉丝很多，而且在急剧增多，越来越多！

吃在房山：写微博，那就是随心之作，偶感而发的。少一些形式，多一些现实。少一些装腔，多一些直接。

巴松狼王：

回复@吃在房山：微博是写给自己的，更是写给博友的，随心可以，但随意了不一定好，你说呢？

吃在房山：我觉得微博是自己的心声，也是自己的一种表态，更是自己的一点记录。有的时候，上点琐事也是可以的嘛，没有太多的精品要求的。微博就像是人们偶尔的"吐槽"，发点疯，发点小脾气，只要不伤害他人、不危害社会、不违反国法即可。至于写的是什么内容，随意、随性就好。

吃在房山：当然，您的身份不同，自然需要注意很多，像我等平民，自然一些，随性一些，洒脱一些，随意一些，似乎会更好一些。嬉笑怒骂皆可成微博。

乳源木莲：要做到"三好""三看"着实不易，但又是必需的。也就是说，写微博在考虑自己的口味、爱好的同时，还要顾及别人的感受，应该考虑对看微博人产生的价值和意义。

天堂鸟微评：写微博也要有责任心，要对社会负责任，对读者负责任，对自己负责任，因为它是一个公共平台，而不是一个自家的垃圾桶，可以什么都往里面倒。

侯锷：微博责任的根本，在于让传播富有价值。也可以说是"种瓜得瓜，种豆得豆"。原创者收获影响力，互动者收获交互的光亮。

创客汉波：看微博就是看人。

环保海青：看来我们还在名著里，正慢慢地走向幸福世界。

狼王手记

浴室论——找到误解的节骨眼儿

我不赞成用照片评价空气质量，因为照片作为一种视觉产品，它不能反映空气质量的本质特征。天气看上去雾蒙蒙的，可能和气象条件有关，也可能和污染有关。比如说我们在一间浴室里，雾气很大，可能看不清对面的人，但那里没有空气污染。在现实当中，当空气中的排放污染物比较高时，也可以看到这样一种雾蒙蒙的效果。决定空气质量的是空气当中污染物的浓度。这个类比得到了业内专家的肯定，但有位著名新闻发言人引用这段话时总用不对劲儿，不是因为他不懂技巧，而是因为他不了解这"节骨眼儿"在哪儿。判断空气质量是不是合格，不能依靠照片，也不能仅凭感觉，而是要相信科学，依据监测数据。

但随着科技进步，公众参与手段的科技含量越来越高，监测结果和公众感觉之间的距离会不断缩小。

巴松狼王：

市民@邹毅的邹 坚持用手机记录北京的蓝天，执着的精神很值得赞扬，没有执着谁都一事无成。但不能简单用"蓝"来评价空气质量，天蓝也有可能是污染天，如臭氧超标。天不蓝也有可能是达标天，如阴天下雨时。但它的积极意义在于：一、同一手段比较也说明一定问题，长期观测结论和监测数据基本吻合。二、可以从中找出达标与颜色的对应规律，随着手机品质提升，把蓝色中的污染和灰色中的达标挑出来，越来越成为可能。三、它和公众的感觉更接近，有利于科学推动公众参与环保。@公众环境马军 @生态梦人 @何春银微想 @环保北京 @中国环境新闻（2016-07-28）

狼王手记

"蓝天"和"雾、霾":"说"与"不说"

　　"说""不说"这两个词儿,在别人看来很简单,在我看来却一直令人很纠结。2003年我刚当北京市环保局的发言人,碰到的第一个难题,就是说不说"蓝天"。当时,社会上很多人张口闭口就是"蓝天"如何如何,环保局内部甚至发文也经常是跟着说"蓝天行动""蓝天计划"。我不太明白。按环保专业的话,说空气质量好,叫达到国家标准的天,简称达标天。"蓝天"本来是一种通俗形象的说法,和标准说法是有差别的,不能完全对应。天蓝不一定达标,如臭氧超标时。天不蓝不一定不达标,如阴天、下雨时等。用"蓝天"来说空气质量,在相关知识还不普及的时候,容易引起误解。所以,我就扛着不说"蓝天"。坚持了一年多,经不住大家都说,我就"投降"了。然而"投降"是有代价的,我刚一说"蓝天",就有媒体和各方面的人问我:什么叫蓝天?

　　我说这不是我的发明,我是跟着你们说的。"那不行,你是环保局的发言人,你必须得说清楚。"为此我到处辩白了好多年。最有意思的一次,是一个女教师,用一年的业余时间,坚持拍摄北京"蓝天"照片,媒体一报道,标题的中心意思很吸引眼球:市民拍蓝天照片PK政府数据。当年环保局公布的全年达标天数为268天,这位女教师拍的"蓝天"是180多张。为此,《新京报》还在年度好新闻评选中给了这个女教师好新闻奖。那天我被请去参会并颁奖,主办者担心我对这个奖有意见,好意跟我说,不让我颁这个奖,我问为什么,回答是怕我尴尬。我说,这么说这个奖我还真是要颁了。颁奖词是我临场改编的,大意是这样:这个奖是我主动要颁的。理由有三:一、颁这个奖给我一个机会再一次说明什么是"蓝天"。二、她的坚持为环保做了一件好事儿,应该鼓励她。三、希望更多的人像她一样关心北京的环境。我接着说,最近几天媒体报道一直在用这个说事儿,"市民拍蓝天质疑政府数据"。她的180多张蓝天照片,对应环保局公布的268个达标天,不仅不是对环保监测数据的质疑,反而还是对"什么是蓝天"的很好的诠释。因为在268个达标天中，有不少是阴天、雨天、雪天等，全年拍出 180 多个蓝天实在太不容易了，我就做不到，得感谢她。给那个女教师颁奖后，她跟我说，刚看见您参会，心里很紧张，又说您给我颁奖，不知道您会怎么批我，听了您的颁奖词不仅放心了，还知道了这件事儿的真正意义。当然，这场舆论风波也随之平静了。

"雾、霾"更复杂一点儿。这个词最早叫"灰霾"，来自南方城市。广州亚运会前夕，部里的一位领导要开新闻发布会，派人问怎么解读这个词儿。我说，领导，到现在我还一直没说过和写过这两个字，不是我矫情，这两个字像当年的"蓝天"一样，又是一个"陷阱"。因为，环保机构说是什么天根据是空气当中污染物的浓度。"雾"好说，里面没有污染，本来就是好东西，云雾缭绕是仙境。"霾"谁又能跟我说清楚，浓度到了多少是"霾"呢？为此，我还专门请教了国家环境领域的顶级专家，答案跟当年有人劝我说"蓝天"的理由一样，大家都这么说，咱就从了吧。我很"轴"，又一直扛着没说，直到 2014 年 3 月 18 日，有一个机构让我主持一个国际论坛，叫"治霾中国"，我实在是扛不过去了，开说"雾、霾"之前，发了一条微博，算是个交代，谁要找我算后账，有文字为证。这就是有微博的一个好处吧。

巴松狼王：

《辞海》说得很清楚：雾、霾都是天气现象。雾是大气中的水滴、冰晶，雾是清白的，不能给雾抹"污"。霾是大气中的烟气、微尘、盐分，亦称"雨土"，说的是自然中的尘埃。这种现象古来就有，而我们今天看到和谈及的"雾霾"，则是人为排放大气污染物造成的污染，不能混淆，把人造污染一"霾"了之！（2014-03-23）

建议关注此事的博友看看这个长微博，它最起码可把你带入认真研究问题的课堂。当然，可以各抒己见，比如我对把 PM1 命名为"mái"就不以为然，因为到目前为止，还没有人给"mái"这个字一个环境科学意义上的定义，所以我在任何场合都没说过、写过这个字！随大流说"蓝天"我就上过一次当，这次不再上当了😊。（2013-03-08）

2015 年 8 月我参加了微博论坛，这个论坛提到垃圾焚烧该不该支持。一个学生回答："垃圾里有很多好东西，人类总有一天会全部提炼出来，变废为宝，所以我坚持反对垃圾焚烧。"轮到我发言，我问："同学们，有谁赞成他的观点？"有一多半人举起了手。

我说，如果我仅仅是一个环保主义者，那我完全支持你的观点，垃圾确实只是放错了地方的资源，明天全是宝。如果我是一个环保工作者，那我坚决反对你的观点，因为明天虽然很美好，但我们要能活到明天，面对垃圾围城我们不能不管眼前。当前处理垃圾普遍采用的方法有三种：一是卫生填埋；二是堆肥；三是焚烧。而垃圾处理的目标也有三个：无害化、减量化、资源化。大家看哪种办法能同时实现三个目标呢？无疑是垃圾焚烧，当然这里说的焚烧是规模化、工业化焚烧，而不是随手一扔就地乱烧。

再问谁还支持刚才那个同学的观点，现场无一人举手。说明环保要科普，不能仅凭热情。

巴松狼王：

　　成都，2015年千名青年环境友好使者夏令营。最想跟他们说的是，每一个污染事件的背后，都有若干被污染的心灵。环保公众参与的魅力，就在于通过亿万人参加的无数具体行动，持续不断地清洗那些被污染的心灵。（2015-08-18）

网友互动：

杨明森：热爱自然，热爱环境，是一种美德。素质很差的人，不可能真正爱自然、爱环境。一个人如果排队加塞，在公共场所大声喧哗，开车横冲直撞，回过头来就可能乱扔垃圾，随地吐痰，杀害野生保护动物。

温江退管局：//@金温江：千传无限。//@千名青年环境友好使者：千传无限。//@微言环保：千传无限。//@巴松狼王：千传无限。//@微言环保：千名青年环境友好使者，以一传千，力量无穷。//@中国环境宣传教育：环保之约，心灵之旅。//@微言环保：千名青年环境友好使者，以一传千，力量无穷。//@中国环境宣传教育：环保之约，心灵之旅。

紫杉工作室：回到原点：污染解决途径之首，净化心灵。

成都发布：千传无限。8月17日，由环保部宣教中心主办的"千名青年环境友好使者夏令营"在成都温江生态文明实践基地开营。//@金温江：千传无限//@千名青年环境友好使者：千传无限。//@微言环保：千传无限。//@巴松狼王：千传无限。

环保卫士0001：如果不能把污染物变成原料，就接受被污染的现实，人只要活着就需要资源，不能恢复地球获取资源就得破坏地球获取资源。技术难题我解决了，环境治理是社会行为，不是我一个人实践就能治理环境的！我可以指导大家从实践劳动治理污染中获取资源，大家不实践，环境污染是不会消失的！

微言环保：千名青年环境友好使者，以一传千，力量无穷。//@中国环境宣传教育：环保之约，心灵之旅。

陕西省环保志愿者联合会：#陕西使者在温江##使者温江夏令营#现场一睹杜少中老师的风采问题1：小伙伴们知道垃圾处理的方式有哪几种吗？垃圾处理的三个目标又是什么？@陕西千名青年环境友好使者@陕西环保沙龙

suny说她喜欢那片海：用行动带动身边的人，在全世界播撒绿色的种子。@千名青年环境友好使者@温江环保@微言环保@中国环境宣传教育@河北省环保厅@邯郸市环境保护局@河北工程大学大学生环保协会

英是HEROINE的英：就喜欢实诚的、真心的环保，不来虚的，也

是给我们使者的一针强心剂。环保就是跟你来真的！

Stanford 于洋：我不太赞成把污染和污染排放人以及受益者妖魔化。区分有效污染和过度污染，理解适当污染对可持续发展的意义。看似是环保的制度设计所蕴含的漏洞，可如果用来激励人们更多排放和消费高生态足迹产品，那么将对全民理性参与环保管制框架建设有重要意义。//@公众环境 马军：人人参与，环保从心灵开始 #蔚蓝地图#

狼王手记

璧山不仅仅有五星级厕所

　　说到垃圾焚烧、核电站、PX 项目，甚至是厕所修建，人们会说到环保的一个敏感话题："邻避现象"。为此，我写了这篇游记：《璧山不仅仅有五星级厕所》。

　　从火辣辣的重庆，来到了水灵灵的厦门。可我还在想着重庆璧山那个五星级厕所。这里的人原来也不愿意把厕所修在离自己家很近的地方，说起这事儿很正常，谁不愿意生活的大环境、小环境都好一点儿呢！有一次到一个城市，出了高铁想起上厕所，问谁都说不清，可隐约闻到了一股子熟悉的味儿，于是循着这股平时不想闻，急了再大也得闻的味儿，直接奔了去，还真找到了那让你舒服的所在。你说这样的厕所要在自己家门口，这有鼻子的日子可怎么过？璧山的书记想了个办法，修了一个五星级厕所，情况一下就不一样了，人们都要求在自己家附近建这样的厕所，有人还通过人大代表向人代会交了提案。为什么会有这样的变化？因为这外观别致、里面清新的五星级厕所，不仅没了令人生厌的臭味儿，还给他们带来了惹人喜欢的生意。我刚看见这种厕所的时候，怎么也没想到，这就是自古被人称作腌臜之所的茅房。当下环保在人们日常生活中的一个很大的难题，就是邻避现象如何解决，璧山的五星级厕所，难道不能给我们一些启示吗？厕所、垃圾场、PX、高压线、无线机站、核电厂……能不能都建成"五星级厕所"，变害为利？其实解决这个问题要从两方面出发，一方面是观念，另一方面是实际。实际问题解决了，观念慢慢就改了，实际问题不解决，大家都是"扯淡"。解决实际问题就两条，一是技术先进、管理到位。这个人家行，我们怎么不行？二是钱，我们有多少衙门、大佬，做事儿相当"土豪"，缺钱吗？问题是钱都去哪儿了？

说到这儿，不能不说说璧山的书记，他今年 52 岁，人很干练，有想法，很敬业，还爱艺术。他说璧山就是个作品，他爱这个作品，以至于有升迁的机会都申请放弃了。他说不能每个作品都做半拉，得把它做完。这话不用拔高就够高，毛主席就是这么说的，共产党员不是要做官，而是要做事。当官什么时候当到头啊，老话说，还得看看自家的坟地长没长那根蒿子。做事就不一样了，有个平台好好干，跟你抢的人就少多了。毛主席就说了前面那一句，后面都是我说的，我信，大概齐就这理儿吧。所以，这位书记就挖空心思，想怎么打造璧山的事。璧山前几年还是做皮鞋的，污染很重。现在到处青山绿水、鸟语花香，愣是把庄奴和古月吸引到璧山落了户，这二位可是创作了《小城故事》等一批脍炙人口作品的黄金搭档。现在璧山山水间到处是音乐细胞、艺术细胞。山水田林处处精雕细刻，按这个架势走下去，说璧山会打造成生态养生之乡，我信。如果都像璧山这位书记一样，官员们都对自己为官一任的一方山水好好合计一下，那邻避现象还成问题吗？

璧山为什么做鞋？因为老年间，常有马帮商队经过，有了对鞋特别是对皮鞋的需求，鞋业慢慢发展起来了，后来需求少了，加上环境瓶颈，鞋业自然也受到挑战。所以人家根据天然禀赋、人脉资源，吃环保饭，打生态牌，经济发展百姓受益。不能人家干什么你也干什么。"桂林山水甲天下，阳朔山水甲桂林。"阳朔那多好的地方呀，前两年去过一次，却是处处是餐饮、船船搞竞争，形成了十分壮观的"泔水一座城，噪声一条江"。阿弥陀佛，罪过啊罪过！鼓浪屿也好吧，我到这儿走马观花看过两次，觉得好，1.91 平方公里的小岛，一万多台钢琴，号称琴岛。神往啊，一累了就想来这儿住两天。这回如愿了，来了住下了，后悔啊，心中美丽的鼓浪屿去哪儿了？历史悠久、自然天成都没得说，你倒是把它弄干净点儿啊！有人说这太商业化了。全世界看看，哪个景点不卖东西？牛津、剑桥、西点军校都卖东西，可是人家卖出文化、卖出品质。商业化那要看卖什么，怎么卖！

反正再让我找个清静地儿，我就去乌镇，那儿也是餐饮一条街，可是那儿你可以静下来！璧山如果好好弄，说不定也可以成为"想静静"的人们的好去处呢！

媒体报道

专盯 PM2.5，瞎耽误工夫？

《北京晚报》　2014 年 6 月 10 日　吴楠　宋溪

京城几场大雨，洗出一片蓝天。网友们不放过这个机会，纷纷在网上"晒美景"，微博上更是爆出消息，雨后北京的 PM2.5 指数回归个位数。

然而欣喜过后，北京的空气质量并未真正好转也是不争的事实。就在 5

月，北京环境科学学会理事长、原北京市环保局副局长杜少中，还在自己的微博中发布了一组照片——雨后满布泥点的汽车。这是每个京城市民都已司空见惯的场景："昨晚一场雨，看看今儿的车。这样的空气质量还用监测数据吗？现在专盯 PM2.5 是不是瞎耽误工夫？"

"钱用来买体温表，还是花在吃药看病上，这是观念问题"

新闻观点：您在微博上质疑"专盯 PM2.5 是不是瞎耽误工夫"，这让很多网友不太理解。

杜少中：这是我一直以来的一个观点，现在没有必要下大力气监测 PM2.5。我们跟美国不一样，人家到了关注细粒子的时候了，我们满大街都是 PM10，这里面 50%～80% 都是 PM2.5，一下雨车脏成这个样子，你监测 PM2.5 干吗使啊？不就是为了让美国卖设备发财吗？除此以外，没有任何好处。

奥运会之前，我们去德国做环境方面的交流。谈到北京的空气质量，我说北京有完整的空气质量监测系统，可以随时了解空气质量。按照咱们的看法，就觉得这么做挺合理的。结果人家说，我们没有多少监测站，我们把钱都用在治理上了。这句话给我的感受确实很震撼，这就好像你现在发烧了，你是把钱全用来买体温表，还是花在吃药看病上，这就是观念的问题。

污染监测本身，是以认为排污企业不遵守纪律为前提的，这当然涉及一个社会诚信建设的问题。但本质上，环境污染还在于处理。人家的企业，凡是污染物排放的装备都有处理装置，而且处理装置的水平都很高，所以排放到环境中的污染物就少。我们现在是没有处理装置，眼光都盯在监测上。

那我们不如先努力确保每个排放设备都装上净化装置，这个大问题解决了，再讨论监测系统怎么建。

新闻观点：近一年来，水质问题也开始受到关注，尤其是几次突发事件，让大家意识到，除了空气，还有水污染的问题。

杜少中：原来我也认为，北方特别是北京这样的大城市，水不用那么重视。南方水系比较多，因为气候因素，出现水的富营养化等问题，水质问题才比较突出。这是比较直观、比较表面的看法。

随着做环保工作的年头增加，这个观念发生了改变。水对我们的影响，或者说水质安全对我们人身安全的影响，可能比空气更大一些。水和空气都是我们离不开的，而且水不仅仅是喝，还要使用、观赏。作为水，如果不能喝，不能使用，也不能观赏，甚至不能闻，那就失去水的功能了。一旦到了这个程度，治理就非常困难了。

当年朱镕基总理曾说过，人从环境中攫取了一份利益，今后就要三到四倍地还账，现在看来，这个估计可能还算乐观了。实际情况是，我们向环境借了钱，今后是要还的，而且有些地方你借的还是高利贷，不还，这个坎儿你就过不去。所以现在的原则就是多还旧账，少欠新账，甚至不欠新账。

水资源治理就体现这么一个问题，大气只要治理，可能很快能还你一个蓝天，但想让水变绿，就既要把现有的排污问题解决，还要把已经污染的河流湖泊给治理了。现在我们很多河流都是污染的河流，有些河流从入海口流出去几十海里都还是污染的，甚至地下水都被污染了。这不仅仅影响我们现在的生活，也会影响我们未来的生活，所以应该高度关注。

"淘汰落后产能不是壮士断腕，是割除毒瘤"

新闻观点：谈到环保，就必然涉及一系列利益问题。例如京津冀一体化中转变产业结构，就会有人提出来，是为了北京人，砸了河北人的饭碗。

杜少中：减，当然难度就大一些，这对谁都是个考验。如果我们还是GDP驱动的思维，总是害怕那些污染企业受损失，那肯定就不行。

现在我们一提节能减排，一提环境保护，就有人说这涉及企业和居民的利益问题，这是一个思维惯性的问题，并不是从今天才开始的。实际上只要提到企业搬迁、转产，就要提到员工安置、对当地经济的影响、对社会稳定的影响。

这些问题当然是存在的，但原有的GDP驱动的发展模式是高碳的发展方式，而低碳绿色循环的发展方式，本质上是一种智慧发展，这种智慧就是要动脑筋，而不是用傻子的方式：你往里砸钱，它就涨。我们不能不管环境如何，也不管今后要不要还账，只单纯地追逐利益。

实际上维持高碳的发展方式，也会影响居民的利益，因为欠环境的账迟早是要还的，你现在不损失一些利益，那早晚都得死。

新闻观点：您前一段曾经预测治理环境问题要30年，后来又更正，说不应该简单预测时间表。

杜少中：国外有个寓言，说一个樵夫在砍柴，过来一个问路的，问："我到前面村庄多长时间？"樵夫说不知道，问路的人只好走了，走了几步，樵夫把他叫住，说你10分钟就能到。问路的人说："你刚才为什么不说呢？"樵夫说因为他不知道问路的人能走多快。环境治理的进度也是如此，取决于我们距离目标有多远，也取决于我们治理的速度有多快。

说到底，这取决于下多大决心。我曾经说过，环境治理不能弄一个规划，大家都觉得挺振奋人心，一到现实当中就缩手缩脚。如果这样，环境问题就不知道什么时候能解决了。

我有一个观点，那就是我们治理环境的成果能有多大，要看我们到底准备做多大牺牲。其中有些是必须牺牲的，比如改掉奢侈浪费的习惯，放弃我们既有的生活方式：你不能一个人开一辆车，甚至不能天天开车。不要一说淘汰落后产能就是壮士断腕，那不是壮士断腕，是割除毒瘤。

"有经济效益的吸引，企业就有动力减少排放量"

新闻观点：您担任北京环境交易所董事长两年时间，经历了一个从官场到市场的变化。对于老百姓来说，"环境交易所"是一个比较陌生的概念，它能对环境保护起什么作用？

杜少中：如果给它下一个定义的话，环境交易所就是一个用市场化的手段促进解决环境问题的平台。环保局是一个行政机关，主要是用行政手段来解决环境问题。环境交易所虽然有"环境"两个字，但它并不是行政机关，也不隶属于环保局。

大家对环境交易，总体来说是比较陌生的。最通俗地说，环境交易就是把各种环境要素换算成钱，用得多的企业，就多掏钱，用得少的企业，可以把属于自己的配额卖给其他人，还可以挣钱。通过这样一个平台，把各个利益相关方集合在一起，利用经济手段调动大家的积极性来解决环境问题。用专业一点的话说，环境交易包括碳排放交易、排污量交易、节能量交易等种类，还包括其他延伸的、辅助性的增值业务。

要交易，就要有个标的物，比如现在最常说的碳排放量交易，就是以二氧化碳作为标的物的。二氧化碳是空气中飞的，怎么算？实际上就是企业使用的煤油电气这些能源，按照当量换算成二氧化碳，所以说交易二氧化碳，实际上就是交易这四项能源的使用权。所谓减排，也就是减少这四项能源的使用量。通过交易，促进企业节能减排。

新闻观点：一谈到交易，公众首先想到的，是这个钱让谁赚走了。

杜少中：有人一说交易，就想到股市里的大盘，红的绿的，股市是为了筹措资金，不管是机构还是个人，都是为了赚钱。但环境交易不是为了挣钱，而是通过交易刺激你去推进节能减排。让企业关注它所排放的污染物、所使用的能源能不能再少一点，能不能通过市场筹措资金，让企业的节能减排能力再强一些，从而促进相关环保产业的发展，促进技术创新、技术进步。有人觉得环境交易就是圈钱，这个认识是错误的。

新闻观点：其中还存在一个监管问题，例如一家企业将自己的污染物排放量卖给了另一家企业，却又偷偷排放。

杜少中：这个问题要从两方面看。一方面是从监督执行上，要有法律规定，要有一个可以执行的法律，一个管用的法律。另一方面，要在制度上有总量配置。

咱们通常说，没有罚则的法律就什么都不是，只是个大广告。这个罚则还得确实罚到你的痛处，让违法的成本不能太低，守法的成本不能太高。我们加强法制建设，经过这么多年的发展，现在行政机关如果不依法办事是很难持续的。

从原理上说，交易所的制度设计要能促进企业的节能。市场上污染物排放量的指标有了交易，有人花钱有人挣钱，企业都是逐利的，有了经济效益的吸引，就有动力去减少自己的排放量，愿意投入资金去研究节能减排技术。

这就要求我们的制度有个总量控制，要把所有的资源配额都放到市场中来，不能有的企业花钱买，有的企业政府直接分。同时每年还要有减量，每年市场上的总量要减少，不能每年都这么多，从这个盘子放到那个盘子，那就起不到改善的作用。

第四部分

新媒体是环境科普的好平台

狼王手记

绿色出行播绿色

行，用环保人的眼睛。首先要绿色出行，其次要用绿色量环境，同时所到之处要把环保的理念、做法传播出去。

说到绿色出行，有两个问题要明确：一是绿色出行的概念；二是绿色出行的结构。绿色出行的概念，首先是确定性的，就是一说到行，就要有绿色的理念，不管是宏观还是微观。其次是在具体行动中，绿色出行是个有相对性的概念。比如，走路比骑车"绿"，骑车比坐公交"绿"，坐公交比驾车"绿"，多人一辆车比一人一辆车"绿"，以此类推。由于出行距离不同、出行目的不同，在任何区域都不可能采取一种方式出行，因此出行必须有一个合情合理、与环境友好的结构，这就是说绿色出行本身还应该有与绿色出行相适应的环境。

巴松狼王：

日常生活谁也离不开衣食住行。绿色出行是很好的生活方式，步行、骑车、坐地铁、乘公交、开环保车、几个人合乘一辆车等，包括尽量少开车，都是绿色出行。绿色出行就是少排放、少开支、少耗能。利人，利己，利环境。（2011-03-22）

网友互动：

海景公寓： 受教，一定要提倡绿色出行，坐坐公交地铁，走走路，感觉也很不错！

BTV王娟： 您那儿又有啥事儿了？我一周至少四天绿色出行。

夏希0514： 没错，上周五13：30坐地铁，从公主坟到西单，只用时

半小时。17：30，下班高峰期，从西单坐公交到永安里，用时 16 分钟。两次用时，都绝对比开车少。✋

咖啡 iceman4： 同时还要宽容、礼让、文明出行，对吧？

彭姐： 绿色出行就是少排放、少开支、少耗能。利人，利己，利环境。说得太好了。

巴松狼王：

　　绿色出行当然好：既减少机动车污染，又缓解交通拥堵，如与锻炼结合起来，还直接有利于身体健康。但绿色出行要动真格的：公交要便利，骑车要安全，步行要宜人。是要积极倡导，但更重要的是要把人从小汽车中吸引出来。纽约正在用两年左右的时间打造自行车骑行和租赁系统，我们也应从类似经验中好好总结借鉴。(2011 - 08 - 19)

千杯客： 切中要害，现在北京的公交地铁只能说勉强够用，离真正的便利还差很远。

老善人： 丹麦在北欧算是自行车王国，虽然每家都有小汽车，但利用率低，骑自行车不仅是国民的运动方式，也是他们的环保理念和生活习惯。一国的环保水平和环境状况，既取决于国家环保法规的保障及执法的到位率，但归根结底还是取决于国民素质水平。

小辛颖： 特别希望北京像杭州似的，到处都有租车点，好多好多那种，拿着公交卡一刷就能骑自行车到另一个地方，很方便。

fuqiang2011： 今日车限行，到公交车站走路需20分钟，还要换乘四次，小区门口打出租用时34分钟15秒未果，后下定决心绿色出行，步行51分钟到达单位。

九三朱良： 狼王这卡是收的礼吗，充了多少钱？

巴松狼王：

还真是参加一次活动收的礼，当时里面只有20元，后来充了几次，又剩不多了。就没一个你这样好心眼儿想给我充钱的，如果政协委员想赞助退休老头儿，我还是很愿意接受的，你准备充多少？（2015-05-06）

巴松狼王：

公交上碰见老同学，张口就问：你真坐公交啊？看着周围诧异的目光，有点不好意思。每月按"升绿排序"：飞机、高铁、自驾、公交、地铁、骑车、走路，不断变换方式出行，绿色比重多大？一个人需要多少碳中和？再乘以13亿得多大？真是不敢算也得算的大账，这事人人有责，对于满天飞的各路腕儿，低碳首先是将功补过！（2015-05-06）

巴松狼王：

出行除了用手机打车，经常用两张卡：加油卡，加了油开车就走，卡里钱几百几百地没，方便但是"揪心"；公交卡，地铁公交看见就上，卡里充200块能用两三个月，省钱但是"贴心"。开车的时候，看见成串的公交车眼晕。坐车的时候，看见成片的小汽车眼晕。看来这出行还真是个事儿，远近、时间、花费您都得合计合计！（2015-05-26）

冰宇星空 2012：帮老环保人扩散，不积跬步，无以至千里。

曾浪锋： 开车的时候，看见成串的公交车眼晕。坐车的时候，看见成片的小汽车眼晕。

话画为痨：骑自行车最佳，环保又不堵。

狼王手记

另类"绿色出行"

有一次我在北京交通台《行走天下》做节目，"绿色出行"特别契合他们的主题。后来，我从环保局和环境交易所相继退休后，就多了一个"四处行走"的头衔。为此，我发了一条自嘲的微博。

> **巴松狼王：**
>
> 外出见生人，要介绍单位、干什么的。简单说是环保人、新媒体人，不行！我就编了个段子：某局退休老头儿、企业下岗董事长、社团辞职代表人、退役预备役大校、高校疑似教授、无薪所长院长、新媒体机构混事研究员、部门地方单位媒体常约到处行走。😄口号是：把环保、公益进行到底。底线是：能运转就行！（2015 - 05 - 07）
>
> 朋友们（不知都是啥朋友）说得改：退休老头儿、下岗董事长、辞职社团代表、退役预备役大校、疑似高校教授、无薪所长院长、混事新媒体研究员、常约到处行走。授知名行走通关文牒，领知名行骗通缉令。我就这么着西出阳关了！😵😂（2015 - 05 - 07）

行走天下首先就是要把"绿色出行"理念传出去。然后还应该带着"绿色"的眼睛，去衡量所见所闻的一切，当然能影响更好了。

> **巴松狼王：**
>
> 第一站：向家坝。先看看图片吧。这是真的雾，别老想那个闹心的词儿。（2015 - 01 - 13）

巴松狼王：

溪洛渡位于长江上游、金沙江下游。水电站总装机容量 1 386 万千瓦，仅次于三峡，已于去年全部发电，并输入南方国家电网。双曲拱坝等多项技术、指标很牛，建设者也真不容易。说多了你不信，不知道有点悲催，看图看文字，不看你就后悔去吧！(2015-01-14)

网友互动：

京蘭 60：一个绿色、环保的行走，其本身的意义在于向社会传导正能量！

布补天：我就有同学在那里建设了这个电站多年。

巴松狼王：

　　走进新国企，近距离感受国企发展，体会一线英雄的酸甜苦辣，用网络的视角触摸微观经济，助力国企改革。此举有利于网友更多地了解真实的国企，让国企以崭新的面貌走进大家心里，应该坚持。作为一个网民，我见好的肯定点赞，见差的也非得拍砖。（2015-01-14）

巴松狼王：

　　一度电的旅程。珠海长隆海洋馆一个月用电超过 1 000 万度，一年电费过亿，保障起来压力山大啊。这个全球最大的水族箱，珍奇鱼类多达 15 000 条，每年的入园参观人次超过 650 万。如果断电，水缸里的鱼会着凉、缺氧甚至有生命危险。生产、生活、娱乐有电才能任性啊！（2015-01-16）

金沙江下游又添新景观

　　金沙江下游有个地方名叫乌东德，一听这名字有点摸不着头脑，再听解释：彝族语，丰收的坪子。金沙江边、丰收的坪子，心里还真有几分向往。山高水长，无限风光在险峰，看下面这张图，山在云里，人在雾里。

　　今天，乌东德这个名字和一座大型水电站连在一起了。金沙江下游规划

四座水电站，从上向下分别是乌东德、白鹤滩、溪洛渡、向家坝，为了让更多的人了解水电的来之不易，"一度电的旅行"已经走过了溪洛渡、向家坝，白鹤滩还没开工，这次轮到了乌东德。

看乌东德水电站，得从路上说起。一路走下来，两个"没想到"：没想到这么美，没想到这么险。我把它概括成一句话，叫：美是真美，险是真险。

先说美。最起码可以说三美：风景奇美，工程壮美，山乡秀美。傍晚云雾缭绕，早上云海雪山，走过这里的人，没有不驻足观看的，没有不想拿出手机一显身手的。

再说险。从昆明出来，开车一个半小时，到武定县，基本是高速、平路，从武定再出发路就不好走了。

三个多小时，200公里左右全是曲曲弯弯的盘山路，最高点海拔2 900多米，路宽就将将可会两辆车，一路坐车各种晃，每到拐弯处，坐在外手的，心都提到嗓子眼儿。路和当地的发展相联系，用偏远、荒凉来形容当地的情况是绝不为过的，乌东德水电站的上万名员工创业之艰辛可想而知了。

乌东德水电站勘探始于2003年，规划设计甚至可以追溯到更早。金沙江大多为深谷河段，两岸高山陡峭，江面狭窄险急，江水裹挟着大量泥沙在深山峡谷间奔流不息。"两岸峻极若登天，下视此江如井里"，正是这里地形地貌的真实写照。远看"夔门"再现，近看也如一夫当关万夫莫开的隘口。再加上有利的地质条件，无疑是建电站的上乘之选。

水电站动态总投资达1 000亿元，涉及移民投资200亿元，预计2021年完工，总装机容量1 020万千瓦，多年平均发电量389.3亿千瓦时，是深圳全年用电量的1/2、北京的1/3，此为三峡集团投资建设的又一精品力作。

乌东德水电站工程干了五年，完成投资200亿元。走进电站工地，已经是又一番景象了。

在巨大的水电工程里面，建设者们像是在用巧手绣花儿，只不过他们手中的材料不是针线，而是钢筋水泥，但那认真的劲头儿，做工精细的程度绝不亚于针线活儿。

下图中的小点儿是一辆辆正在移动的汽车，这个地下机房高89米。

在大自然面前，人类的活动仍然显得那么渺小。他们已经在创造着奇迹，若干全国第一、世界首创，但还有很多难关在继续攻克。

水电也有争议，多是因为环保。可是发展需要能源，以我们现在的能源结构，到2030年甚至更早，非化石能源的使用量达到20%左右，不是一个轻松的目标，而这20%里面水电无疑是必选项。乌东德不错，但按国家能源局公布的2014年数据，120个乌东德才能满足全国的用电。然而我们可以用来发展水电

的资源已十分有限。没有清洁能源和能源的清洁使用，用什么解决"雾霾"？

如果真让我说一句环保的话，就想说，火电污染，水电也不是白来的，还是节能更靠谱。

环保好像是一个很难逾越的坎儿，在乌东德，可以看到大型重点项目的环境意识确实是提高了不少。除了工程本身的高位自然边坡整治、泥石流治理等，建设过程中，污水处理厂、鱼类增殖站均已同步建成投用。工地修复绿化、表层土收集（已达数十万方），为建成后生态恢复做好了准备。

水电站建设在改善局部环境、防洪减灾、拉动地方经济、提高库区民生、助力全国发展方面，虽需继续努力，但已功不可没。

还说这公路吧，去年底我去的乌东德，还是不太好走，但这还是有了水电站才有的，过去只有山间小道。同行的传媒老王上车一小时就被晃晕了。听说很快就要通高速了，路通了，不光咱去着方便了，当地居民的生活质量也会随路而升。

盼着吧，不过咱也不能闲着，伸出您温暖的手指，该点赞就点赞啊！

寻找地球之肺

巴松狼王：

北部生态屏障——呼伦贝尔现场报道。第一印象：蓝天、白云、小凉风……这无论是在炎热的帝都，还是在中原、南方实在是太奢侈、太奢侈了……（2014 - 07 - 21）

巴松狼王：

从呼伦贝尔草原进入大兴安岭林区，你会听到人们这样赞美环境：南有西双版纳，北有莫尔道嘎。旅游还有句广告语：北美阿拉斯加，中国莫尔道嘎。都说的是林区生态的美。到底有多美？又是谁在守护着这片美？今起三天，我将向大家连续介绍，欢迎博友们参与！（2014 - 07 - 22）

巴松狼王：

根河。见到了森林管护员，4个人负责10 000多公顷森林。他们每天骑摩托巡视，发现防治病虫害，保护野生动物，防火，防止滥砍盗伐、非法入山破坏林地。几十个管护站"一站一景"，全部标配。晒晒他们的小环境，我也冒充一把管护员，时间紧，来不及换行头。（2014 - 07 - 23）

巴松狼王：

大兴安岭内蒙古林区，林业生态主体功能区10.67万平方千米，森林8.27万平方千米，森林覆盖率77.44％，活立木总蓄积9.5亿立方米，70％森林被列为国家重点和一般公益林，实行全封闭保护和限制性开发。1946年筹建阿尔山林业局，现在是内蒙古森工集团，涉林人口百万，员工12万守护着生态屏障。（2014 - 07 - 23）

巴松狼王:

　　还没进根河,就听到一个传奇式人物,十年前他做了肝移植,病重之时根河市民、企业员工自发捐款救他的命,康复后他努力回报根河,放弃升职调任机会,执着守护着这片绿色。被中宣部评定为"时代先锋"。他是根河林业局局长高希明——每个绿色热爱者心目中的英雄,我也追一次星。请看图。(2014-07-23)

巴松狼王：

按注意力分，官员有三种。第一种专盯着升官，第二种专盯着捞钱，第三种专盯着做事。当然也有打穿插的，也有什么都不盯的。总之，就是第三种难能可贵！给高局长赞一个！🔒（2014-07-24）

巴松狼王：

极冷根河年平均气温-5.3℃，森林覆盖率达91.3%，全国第一。根河还是驯鹿之乡。这儿流传着一个让人羡慕嫉妒恨的段子：最大的噪音是鸟叫，最难闻的气味是松香，最刺眼的颜色是翠绿，最多的PM2.5是负氧离子。但今天境外不远三处山火，就让这里的天空成了灰色，真是再好的环境也禁不住糟蹋！（2014-07-24）

巴松狼王：

森林按成熟度可以分为幼龄林、中龄林、成熟林、过熟林。必须保持森林有序的新老更替，过熟林遇雷击容易引起火灾。（2014-07-24）

北京炫生活

巴松狼王:

　　今明两天走北京老字号,我被分到"味道"组,其实就是"吃"组,还不好意思直说。条件反射,一看见这字就觉得饿了,下地铁先得找点儿吃的。(2015 - 04 - 09)

　　央企新闻眼:报名走北京啦!亲,住了这么多年,你真的了解北京么?让大咖和咱一起体验#北京炫生活#吧。4月9、10日@国资小新、@央企新闻眼邀您#走进新国企#,味道、文化、交通,感受会很棒哦!欢迎转发微博并发送真实姓名、工作单位、电话,私信给@央企新闻眼报名,名额有限,7号截止!约约约!@巴松狼王 @国资小新

巴松狼王:

　　北京二商集团是一家大型国有食品产业集团,拥有六必居、王致和、月盛斋、金狮、龙门、天源酱园、白玉、京华、京糖、三十四号等16家中华老字号和大红门、京糖、京酒、宫颐府、北水等一批深受消费者青睐的知名品牌及三个国家级非物质文化遗产,20多个大类2万余种商品。您都吃过吗?(2015 -04 -09)

巴松狼王：

　　义利面包经选料、配料、中和搅拌、一次发酵、搅拌、二次发酵、分割成型、装入模具、末次发酵、入炉焙烤、出炉、冷却、金属探测、包装、入库等15道工序（前两张是入、出炉），十分精致，值得一吃。顺便看看我自制的"眼镜蛇"面包。(2015-04-09)

巴松狼王：

百年义利吃着真不错，"北冰洋"汽水还是小时候那个味儿。说个权威、"嫡传"小窍门：瓶里悬浮的是天然果肉，沉底儿的是人造果肉。你会挑饮料了吗？（2015-04-09）

再走丝绸路

巴松狼王：

　　飞过云层雨区，仿佛穿越了时空，快到了古丝绸之路起点——西安（长安）。也许这就是一次穿越。穿越中国西部，穿越盛世唐都，再回一带一路。新丝绸之路构想，在经济、历史、文化、人才等多个领域，给中国、区域甚至世界带来了一次新的发展机遇、一个筑梦空间。中国梦走起。

（2014-09-12）

巴松狼王：

西安，真是"一座你不能错过的城市"。在这里可以看见历史，也可以看见未来。昨晚看了古城墙，今天还感慨，我甚至不记得见过有比这还好的夜景。（2014-09-13）

巴松狼王：

＃网络名人丝路行＃　西安古城墙端庄壮美，闻名遐迩。白天没看，就够你遗憾的。如果夜景没看，那你的字典里，就只剩下遗憾了。要看最好在秋天，景色好看、气温适中，感觉爽！@黑暗中的鲨鱼@花千芳@国一在线（2014-09-14）

巴松狼王：

小雁塔。像是朝圣，又像追寻渐远的历史，一路蒙蒙细雨让心情变得更加凝重，充满了崇敬。随行的专家绘声绘色介绍着历史故事，实在有滋有味。恰好几位作家同行，忙向他们请教怎么让文字像冰雪一样有感觉。哦！比如说眉毛，我说就是左一撇右一捺，作家描述，那是一根儿一根儿……（2014-09-13）

巴松狼王：

　　一说西安就只知道兵马俑的，八成是外国人。"送你一个长安，一城文化，半城神仙。"这话有味儿，也符合实际，不信你来看看，西安到处是历史，到处是文化，而且还是古典与现代结合，跨越千年血脉相连的大都市。当然也有值得商榷的地方，如曲江池上的轻轨游览车，难说不是"蛇足"！

（2014－09－14）

巴松狼王：

　　城市公园用什么代步，要服从功能定位。首选步行，它主要是休闲、健身用的。其次是骑行，它是步行以外最"绿"的。然后是其他少影响环境的方式。就算是在风景名胜区，缆车索道也大都被证明，与环境不友好。一些蛇足之举，最充足的理由就是平衡资金，那么要问：钱赚够了拆吗？拆了恢复原状吗？（2014-09-14）

巴松狼王：

　　张掖临泽县。看现代农业，膜下滴灌、滴肥技术及运行。节水，节肥，省工，省时，防虫，防草。关键是有利于标准化、集约化、规模化、机械化。1 000 亩地浇水施肥，在那间小房子里一个人搞定。感慨地真平，据说这里的农民过去就有个习惯，每年夏天看地里哪儿高，秋后一定要把它铲平，勤劳呗！（2014 - 09 - 16）

巴松狼王：

　　从祁连山、张掖到青海，真是一条美丽神奇的天路。7 小时乘车不困、不饿、不烦，一路景色让你觉得两眼不够使。照片全是手机拍的，且多数隔着车窗玻璃，实景比照片炫 N 倍。（2014 - 09 - 18）

一滴油的奇妙旅行

巴松狼王：

明起寻访"一滴油"。@国资小新♯微预告♯【♯一滴油的奇妙旅行♯】♯网络名人走进新国企♯第四站"一滴油的奇妙旅行"即将拉开序幕！5月13日至18日，小新将与@巴松狼王 @公民徐侠客 @范炜 @王小东 @袁国宝等30余位网络名人、媒体记者一起，走进柴达木盆地，探秘石油工业从物探、钻井测井、井下作业、采油、输送、炼油到终端销售的全过程。(2015-05-12)

巴松狼王：

先是丝路行，后是河西走廊，这次♯一滴油的奇妙旅行♯探访柴达木。不到一年三到敦煌，古道、石窟、油田……优雅的飞天图、漫漫的阳关道，多角度看敦煌，原来就爱，现在是不爱也得爱啊！马上走起！(2015-05-13)

巴松狼王：

初到青海油田，就有一种强烈的感觉："一滴油"来得真是不容易啊，它是石油人拿血汗、时间、生命换来的，石油人的功绩不能磨灭，尤其不能让几个贪官诬毁、玷污了这荣誉！（2015－05－13）

巴松狼王：

发现青海油田，必提传奇向导伊沙·阿吉老人。这位乌孜别克族老人曾带领骆驼队走南闯北 24 年，被誉为柴达木盆地的"活地图"。阿吉老人给石油、地质、公路等科考队伍带路，行程数万里，足迹遍布柴达木盆地的各个角落。老人 1961 年逝世，安葬在花土沟石油基地（老照片很有几分历史的厚重感）。（2015－05－13）

巴松狼王：

青藏高原北部，一万年前是茫茫大海，地壳变迁形成了柴达木盆地。平均海拔 3 000 多米。天上无飞鸟，地上不长草，风吹石头跑，氧气吸不饱。自然条件如此，地下资源却十分丰富，其中多数矿产资源居全国之首，尤其以盐类资源富甲天下，是西北高原的聚宝盆。（2015－05－14）

巴松狼王：

　　昨天，从敦煌到柴达木腹地，530公里沙漠公路车走了整整一天，吃过晚饭只剩下睡觉的力气。沿途老冷湖基地的断壁残垣、帐篷城遗址、老石油的陵园、第一口油井……仿佛把我带到那些渐渐远去的激情岁月，感受油田发展历程，还有创业者的艰辛，思绪万千，泪流满面。（2015-05-15）

巴松狼王：

　　花土沟直击石油作业一线2137物探队。第一道工序找油，原理不复杂：人工击发地震波，能量下传形成反射电波，地面设备采集分析，相当于给地球做个"CT"。干起来又复杂又艰苦：一个项目要十几、几十万张"CT"片。多种专用设备，海量现场人工操作。您看图吧！（2015-05-15）

巴松狼王：

在世界海拔最高的采油井（3 430.09 米）狮子沟 32 - 3 井。他们为祖国献石油，"缺氧不缺精神，缺水不缺斗志，缺绿色不缺希望，缺生命不缺奉献"。（2015 - 05 - 16）

巴松狼王：

"车震"是找油的，磕头机是抽油的，魁梧的塔是钻井的，苗条的塔是修井的，最后的装置是封井的。无论是哪个岗位、哪个工种，都是很辛苦的！（2015 - 05 - 16）

生活中处处是"绿色"

巴松狼王：

今早在航天桥，一位衣着入时的女性摇下车窗十分麻利地扔出一包早点"下脚料"，往前没几步，索性直接把手伸出车剥鸡蛋皮，我实在忍不住问：您把垃圾扔到马路上准备让谁扫啊？她不好意思地关了车窗。可就在我说这句话的几秒钟后，后面车把喇叭按得山响。我想问：难道我们的民风真到了什么"闲事"都不能管的地步了吗？(2012-05-23)

网友互动：

三得立：最恨这种人！罚死她！

就是图一乐儿：现在缺家教的居多，不以为耻，反以为荣。

同声传译魏震钢：后面的司机也许不知道前面怎么了。当然，更有可能是觉得公共环境不如他的几秒钟重要。不过，既然希望人心向善，就宁愿相信前者吧。

郎言无忌：国民素质不是简单的一句话就能提高的，需要社会长期的努力，挺狼王！

西奥颉：可恶！不敢说我个人习惯多好，但在车里产生的垃圾，我都是车门内侧放一塑料袋，下车时带出扔垃圾箱里。

童庆安：支持狼王，往车外乱扔东西，最终丢的不是垃圾，丢的是脸！

MICHAEL 淇：关了车窗应该是有悔改之意，至于后面按喇叭的应

172

该是不知实情，否则，相信还是会予以支持的，毕竟现在敢"管闲事"的人越来越少了。

叶子 de 梦语 2010：特讨厌这种不文明的行为，一般情况下看到都会用车灯闪他。

张醒生：支持杜局！以后遇到此事，应该可以用手机拍照曝光车牌号，大家同意吗？

xiaolj _ 2001：鄙视这种人！前几天在四季青桥下有人从车里往外扔矿泉水瓶，我在车里使劲看他，那人也不好意思地关上了车窗！你手里的垃圾真的那么着急扔吗？环境就那么不值得珍惜吗？

李冬的冬：这有两方面的情况：一是有的人乱扔垃圾；二是有时候手里拿着垃圾，走几百米看不到垃圾桶。素质需要提高，硬件也得跟上。

四月的 gloria：对此类人我一直难以理解！别说扔一包垃圾了，坐我车的人往外面扔个纸团我都内疚半天、教育半天呢！对于后面那辆车，说真的，现在火烧屁股的人真不少，杜局长无须在意！就您的责任感，我相信下次遇到，您还是忍不住要管的！😁

九三朱良：😊环保要减少污染，交通要减少拥堵，两者的出发点不同，管的事也就不同。在机动车尾气超标的执法上，好像看不见环保局和交管局谁上街拦车检查啊。将来治理 PM2.5，对尾气超标的旧车上路谁来处罚的问题，也会有麻烦吧？

灵魂在自由天空：我也管过这类"闲事"，公交车上一女的吃完了随手把包装袋往车上一扔，我挺客气地说公交车不是垃圾桶，您应该捡起来到站扔垃圾箱里，她听后捡起来了，我觉得素质还有救，结果……汽车到站开门，我下车了，这女的一抬手就把垃圾扔车站上了。我……真想说您不觉得丢人吗？

机器萌猫：狼王👍，该管还得管，咱们如果都到了爱管这类"闲事"的时候就是素质真正提高的时候了。如果都只在网上发发评论，指责这个指责那个的，素质永远提高不了。

早起的鸟儿有虫吃我是虫子：唉，想想那些在清扫街道马路时被来往车辆撞伤甚至撞死的清洁工人吧！对，扫街是他们的工作所在，但他们冒着生命危险的劳动成果，多少尊重一下吧！起码把垃圾留在手里、留在车里，我们并无生命危险。

狼王手记

我对"限行"的态度很矛盾

机动车"限行"的话题，只要一出就会引起大家的热议，前些天，著名"大V""吐槽青年"还专门发了一篇评论，结果，"一石激起千层浪"。然后他就非拉着我说一说。

这话确实挺不好说，因为我的态度会让人看起来很矛盾。

从环保的角度看，机动车"限行"我当然同意。别说分单双号"限行"，就是全限我都同意。因为机动车低空排放，污染物构成复杂，对人影响直接，对健康危害很大，特别是在人口密集、车流量很大的大城市。机动车排放物是空气污染的重要来源，对此全世界的观点基本是一致的。

但是从一个经常乘坐机动车出行的交通参与者的角度看，我又反对"限行"，因为太不方便了。我现在近距离出行都是坐公交、地铁，远途、带些东西的时候总还是得用私家车，可出门前老得想着是不是"限行"。"限行"日期经常会跟要参加活动的日期有冲突，令人很不舒服，着急的时候也想骂娘。

真希望绿色出行能在我生活的城市成为时尚，成为人们自觉的行动，大家把有限的道路资源给那些确需用车出行的人。

绿色出行是好，但并不是那么简单。首先，绿色出行需要全员参与，每个人都不能一说出行就开私家车。其次，绿色出行是个相对的概念，走路、骑车、乘公共交通、拼车、自驾环保车、自驾大排量高污染的车这些方式相比较，走路最"绿色"，自驾大排量高污染的车最不"绿色"。

在互联网快速发展的今天，绿色出行也意味着改变生活方式。能在网上解决的问题就在网上解决，召开网络会议，弹性工作，错峰出行，减少工作时间，提高工作效率……尽可能减少不必要的出行，不出行也低碳。

绿色出行有个结构问题，一个城市的出行方式要有很好的结构，即多少人走路、多少人坐公交、多少人开私家车是有一定结构的。这个结构越合理出行越方便。

当然，绿色出行还要解决诸多不便，才能进入良性循环的轨道。"绿色"

的路都爱走，路也越走越"绿"。如果坐公交车方便，谁还开私家车啊！

说了这么多，您可能会说："那你说怎么办？"这正是最令人纠结之处。因为合理的出行结构的建立，既涉及出行习惯、消费观念、环境意识，也涉及城市规划、交通组织，甚至涉及社会运行方式。可这样的事说起来容易做起来难。

把话扯远一点儿。一个城市不是房子盖得越多越好，而是管理得越有效越好。别的城市不说，就说北京，大城市、首都，很"有钱"，也很"任性"，但道路遗撒问题从来就没有解决过。注意，我说的是从来没有解决过，而不是从来没解决好。一条很好的马路，刚投入使用时，比欧美国家的都棒，让人看着真舒服，甚至自豪，可是渣土车、混凝土车一过，没多久，从路口开始，就到处"长"水泥积成的"瘤子"，整条路尘土飞扬，惨不忍睹。要知道这样的路况，既影响交通，也影响环境和健康。为什么管理部门管不好？为什么对施工单位没要求？为什么司机都不管不顾？管理问题，文明程度问题，还涉及社会的各个方面。

试想这样一个相对简单的问题，在我们这儿都变得这么复杂难办，那么机动车"限行"这个几乎涉及所有人的问题能现在就讨论清楚吗？能马上就解决好吗？

当然，大家都希望城市好，然而一旦涉及具体利益，每个人的看法就不同了，很多人希望最好是别人做出牺牲，自己乐享其成。管理思路因此不得不经常调整，比如使用经济手段，一会儿要增加使用成本，减少停车位，一会儿又为方便出行而增加停车位。变来变去只会让人眼晕，自然不会出啥积极效果。"限行"这个手段来得方便。问题是，这个手段效果会怎样？从环保角度讲，分单双号"限行"是不是能解决每年气象不利条件下的"雾霾"问题？这是谁也说不准的。

有一点必须要肯定，就是我们过去总抱怨政府决策不透明，事先不听意见，事后惹大家生气，现在很多事在决策前就开始讨论了，这绝对是进步。不过，还应该切实听取大家的意见，讨论通不过的事，不一定非要干，大家都不满意又无关大局的事，就先不干了呗。

说了这么半天，有人问：你到底什么意思？答案很简单：用一个个凑合的办法向前拱，吵一阵儿拱一点儿，拱一点儿再吵一会儿……面包总会有的！

我真的什么也不想说！

狼王手记

人民微博微访谈我都说了啥？

人民微博：

　　#大智汇#【杜少中：无所作为的政府部门就是多余的】"政府各部门应在网下把该办的工作办好，在网上把该说的话说好。有一条没做到就应该打板子，两条都没做到那就换人，实在不行就撤掉算了。"@巴松狼王 杜少中做客人民微博微访谈，与网友就城镇化过程中的污染问题在线交流。（2013－08－20）

巴松狼王：

　　访谈结束。72个问题，25个回复，112.3万次查看。有意思的是回复，前两次访谈都是24个，这次25个，看来我的速度也就是一小时回答20多个问题。手有点酸了。😊

巴松狼王：

做客人民微博微访谈，有人问：怎么应对环境敏感期问题？我回答：公开、共识、互信是治疗环境敏感的良方，也是解决环境问题的基础。又有人问：微博应该怎样沟通？答：无论在哪儿，与人沟通最重要的是真诚。要当本色演员，不能人前一套，人后一套。人生是多角色，但心肠就一副，各种场合都要整容，你得多累呀！(2013-08-21)

"大城市病"这题着实太大了，大到不少朋友劝我别来说了。这有悖"狼性"。交流又何妨？都是博友，说得对不对，总不会把我吃了吧？"大城市病"是世界性题目，城市越大越不宜居。空气污染、交通拥堵，还有诸多不便：可支配资源满足不了需要……分析原因：功能定位、规划设计、发展模式……说清不易。(2013-08-21)

有博友问：城市里面生活着几千万人，每天都呼吸着污染过的空气，喝着污染过的水，这让老百姓哪有生活质量可言呢？政府是不是应该多把钱花在这上面啊？我答：城市越大，宜居的难度就越大，污染防治的投入也就越大，这是不言而喻的。但无限扩大、无限增加投入不是办法，办法应从根儿上想。(2013-08-21)

城镇化是机遇也是挑战。据测算，我国城镇化率每提高1%，大约将新增城镇人口1 300万、能源消耗8 000万吨标准煤、生活用水12亿吨、生活污水11.5亿吨、生活垃圾1 200万吨，每年将新增数千亿元污染治理投资。新型城镇化关键在"新"字，如不能绿色发展，将带来更大的资源消耗、环境压力和生态风险。(2013-08-21)

水环境关系民生，关系发展。前一时期，媒体上见到的无论个案还是一些统计结果，都说明这个问题已经比较严峻了。上次微访谈，我把一篇短文《有本事惹事就得有本事扛事》推荐给大家，那是从个案说的。还应该从经济发展方式、官员考核指标、企业评价标准等大方面着眼着手，不然没救！(2013-08-21)

我曾发过微博：睁眼四件事，衣食住行。宜居城市四项都要相宜，单说"宜行"，与环保关系极为密切，机动车污染防治最为重要。开车的人越多污染越重，污染越重骑车走路的人越少，骑车走路的人越少开车的人越多，如此形成了恶性循环。要形成良性循环，就要让更多的人宣传和坚持绿色出行。(2013-08-21)

有博友问：这些环境问题都和我国的城市缺乏科学的城市规划有关，您觉得呢？我答：功能定位、规划设计、发展模式、产业结构……都是影响城市是否宜居的全局性问题。（2013－08－21）

有博友问：经济发展和环境保护是有冲突的，我们是不是只能走先污染后治理的路呢？就像日本，有了镉污染、痛痛病，才知道要舍弃经济利益保护环境。我答：问得好，别人疼了，咱也应该记取。（2013－08－21）

政府各部门尽管有分工不合理的问题，但应该在网下把已经明确属于自己的活儿干好，在网上（还应该包括传统媒体）把该自己说的话说好。如果无所作为，那么这个部门就是多余的。有一条没做到应该打板子，两条都没做到就该换人，实在不行就撤销算了。（2013－08－21）

有博友问：野蛮烧烤冒烟互相推，综合执法说管屋外。冒致癌的浓烟，长年整条马路一派野蛮。环保光说不练，根本不重视，缺乏知识，更缺乏责任。我答：光说不练，这话不全面。跟实际需要比，练得不够是真的。就正常情况而言，每件事都有规定，规定貌似也不错，怎么能让大家自觉遵守是个大问题。（2013－08－21）

有博友问：您目前的主要工作是什么呢？是否仍奋斗在环保的最前线？支持啊。我答：谢谢，2012年初以后我就不在环保局任职了。现在在北京环境交易所工作，这是促进环境问题解决的市场化平台，我想环保将是我们每一个人终生的工作。（2013－08－21）

有博友问：北京是否即将重现当年伦敦的"雾都"境况？担忧啊！我回答：我跟你一样担心，也会跟你一起为避免出现这种情况而努力。（2013－08－21）

有博友问：北京将对外地车高峰时段进城扣三分，以有效缓解拥堵，这合规吗，能有效吗？我答：这事虽然不是我管，但我想城市的任何一项管理措施，都应该是着眼于全体市民的根本利益和大多数人的眼前利益。因此，也经常会给一些人带来不便。换个角度想，没有这些措施，城市会怎样呢？（2013－08－21）

有博友问：有政策说，为防治污染，要取缔街边肉串摊。从城市管理来讲这很合理；但从环境污染来说，几个烤肉摊真能污染环境吗？我答：空气污染很难说是哪一项来源造成的，除了煤、车、扬尘、工业四项主要的，还有众多次要的。少了哪项都好，多了哪项都不好。这是再浅显不过的道理了吧？（2013－08－21）

博友问：想了解下，北京目前对于垃圾究竟是如何处理的？是不是很多垃圾都是任其"自生自灭"的状态？我答：针对有人问垃圾焚烧，我曾回答，垃圾处理的要求有三条：无害化、减量化、资源化。方法也是三个：卫生填埋、堆肥、焚烧。你说，为达到目的，哪个方法最好呢？（2013-08-21）

管理城市要公众参与。要转变发展方式，生产方式和消费方式都要转变。比如前一段出现严重的空气污染，主要原因是生产、生活的污染物排放强度大，燃煤产生的二氧化硫、氮氧化物、烟尘，汽车尾气中的氮氧化合物、碳氢化合物等污染物，遇到静稳逆温等不利扩散的气象条件时，出现严重污染天是肯定的。（2013-08-21）

废旧电池何去何从？

巴松狼王：

　　今天听广播里又说到收集废旧电池集中处理的问题。借此向博友介绍三个情况：一、按国家要求，2006 年起禁止生产汞含量大于电池重量 0.000 1‰的碱性锌锰电池，基本实现无汞。二、日常生活产生的废镍镉、氧化汞电池不按危险废物管理，可分散与生活垃圾一并处理，不会造成环境污染。三、现行条件不鼓励集中收集处理。(2012-01-30)

网友互动：

　　清水月饼：原来如此，我说以前那些废旧电池收集箱怎么都不见了！

　　自由-老马：我家里攒了一堆啦，到底怎么处理？

　　yijian11：电池是否集中处理一直是有争议的，不知道最后争论的结果到底是什么。结论应该说清楚，不然人家都不知道该怎么宣传！

　　7Linsanity7：原来这样啊，我一直苦于不知道怎么处理呢，而且大型超市也没发现集中处理箱之类。那么现在就可以坦然地和垃圾一起扔了。

　　时光那把杀猪刀：以后不用把家里的电池存起来一起放回收箱里了，谢谢！

　　猩智：不仅仅是环保部门这么看，环境专业人士也这么看。公众需要专业人士进行科普宣传，现代学科、行业分化越来越细，隔行如隔山，很多涉及专业领域的问题不能被动呼应民意。

观星人 Pro：我们怎样做好和政府部门的沟通？如果没有下游产业，我们要把回收来的电池交到哪里？我听到有很多城市最后没办法处理，还是把回收来的电池直接和其他垃圾一起填埋掉。

环保天堂宝宝：这是对的，集中收集处置是个误区！

汪小辉：那就是说家里电池可以随便扔垃圾桶了。这是环保局副局长说的，应该可信。

刘主任：早就知道不鼓励集中收集处理，但是有些媒体还是乱宣传！

姜不头：我一直也为这个问题苦恼呢，每次用完的废电池都不知道做何处理。

我只愿风行水上：每每有废旧电池需要丢掉就很纠结！

雪夜品茗-乐淘 18：去苏州垃圾清理厂参观过，厂方负责人介绍，目前电池并没有进行集中收集、集中处理，电池仍与其他垃圾一起填埋。所以，小区门口那些收集箱是无用的，大家也不用特地将废电池理出来。

韩明 1208：我还注意收集了不少，原来都被误导了啊。看来宣传实在不够啊！

媒体报道

废旧电池可填埋　不会造成污染

《北京青年报》　2012年1月31日　黄建华

"现行条件不鼓励废旧电池集中收集处理。"昨天，"巴松狼王"的微博中关于废旧电池处理问题的说法引起了众多博友热议——"巴松狼王"正是北京市环保局副局长杜少中。废旧电池一直都在实行集中收集，许多单位、小区都设有废旧电池收集箱，市民也逐渐在养成将废旧电池集中处理的习惯，为何"巴松狼王"却与之"唱反调"？

废旧电池不集中收集引热议

昨天，记者在"巴松狼王"的微博中看到，他就废旧电池收集发表的第一篇微博指出："一、按国家要求，2006年起禁止生产汞含量大于电池重量0.000 1%的碱性锌锰电池，基本实现无汞。二、日常生活产生的废镍镉、氧化汞电池不按危险废物管理，可分散与生活垃圾一并处理，不会造成环境污染。三、现行条件不鼓励集中收集处理。"

随后，在第二篇微博中他提出："一、不需集中收集处理的主要是家庭日常生活产生的废旧一次性电池。二、可与生活垃圾一起处理的废旧电池也不能随意丢弃。三、2006年前和现在的废旧电池对环境影响是不一样的，所以处理方法也不同。相关规定可上网查找。"

废旧电池一直都在集中收集，为何"巴松狼王"提出了这样的说法？昨天的采访中，"巴松狼王"博主杜少中副局长介绍，在电池收集方面，公众有些误区，他所说的废旧电池是指市民生活中常用的普通干电池，而非汽车用电池和手机电池，除普通干电池外，其他电池都需要按照国家相关规定进行处理。

有些说法缺乏科学根据

杜少中副局长介绍，电池主要含铁、锌、锰等，此外还含有微量的汞，汞是有毒的。有报道笼统地说，电池含有汞、镉、铅、砷等物质，这是不准确的。事实上，市民们日常使用的普通干电池生产过程中不需添加镉、铅、砷等物质。国内电池制造业基本按照国家有关规定在逐步削减电池汞含量。据中国电池工业协会提供的数据，我国电池年产量为 180 亿只，出口约 100 亿只，国内年消费量约 80 亿只，基本已达到低汞标准（汞含量小于电池重量的 0.025%）。其中约有 20 亿只达到无汞标准（汞含量低于电池重量的 0.000 1%）。截至目前，国内外均无废电池造成严重污染的报道或科研资料，有关废电池污染环境的说法的确缺乏科学根据，对群众造成了误导。

废旧电池可填埋，不会造成污染

废旧电池在集中回收后，在进行处理中遭遇了巨大麻烦。昨天的采访中，记者了解到，建设一个废电池回收处理厂，需要投资 1 000 多万元人民币，而且还要每年至少回收 4 000 多吨废旧电池，工厂才能正常运转起来。而实际上，要回收这样大数量的废旧电池十分困难。虽然大部分市民都自觉地集中回收废旧电池，但北京三年才回收了 200 多吨，这与处理厂的需求相差巨大，而目前瑞士和日本已建好的两家可加工利用废旧电池的工厂，现在也因吃不饱经常处于停产状态。这不得不让我们慎重考虑投资建回收厂的问题。

杜少中副局长介绍，国家政策不鼓励集中收集废旧电池，2003 年发布的《废电池污染防治技术政策》规定，在目前缺乏有效技术经济回收的条件下，不鼓励集中回收已经达到低汞和无汞要求的一次性电池。环保部、国家发改委于 2008 年 6 月联合下发的《国家危险废物名录》中规定：家庭日常生活中产生的废旧镍镉电池、氧化汞电池可以不按危险废弃物进行管理。以上规定是经过国家有关部门科学论证的，废旧电池可以不进行统一收集，可以分散投入正式的生活垃圾收集箱，与生活垃圾一起进入本市正式的生活垃圾填埋场，不会造成环境污染。

媒体报道

不转变观念　干不好环保

中国青年网　2014 年 6 月 20 日　张伟娜

十几年来北京环境质量和自己比还是有进步的

问：您在北京市环保局工作了 12 年，之后到北京环境交易所工作，现在又在环保组织工作。这么多年，无论是哪种身份都做着与环保有关的工作，您觉得北京的空气质量有哪些变化？

杜少中：在环保局工作前我在首钢工作，大家调侃我的经历，说是先污染后治理，然后用市场的手段解决环境的问题，最后还是用社会组织的身份来参与环保。

环境问题始终存在，只不过说我们的兴奋点、我们的身份影响了我们对这个问题的关注。

北京的环境，具体到空气质量，可以说和自己比有进步；和应该达到的标准、和好的城市差距很大；仍需努力。

北京开始大规模地治理大气污染是从 1998 年开始的。国务院批准了北京市政府和当时国家环保总局上报的方案，决定采取紧急措施治理大气污染。国务院支持了 60 个亿专门治理大气污染，空气质量合格率从 27.4％提高到了 2002 年的 55％。

2003 年直到 2008 年奥运会又是大规模地治理，这一阶段空气质量达标的天数又提高到了 60％多。

问：环境质量和自己比还是有进步的，这个判断是根据什么得出来的？

杜少中：肯定是在改善，但每个阶段不一样：从 1998 年到 2002 年，这种改善是恢复性的。1998 年开始，北京治理煤炉，取消了 4.4 万台柴炉大灶，治理了 1.6 万台燃煤锅炉。1998 年 134 天的采暖季，二氧化硫超标天数 106 天，2008 年只有 9 天。

北京奥运会期间我们承诺基本达标，奥运会期间实际上我们天天都达标，所以这是超额完成任务。

我们说用今天的标准衡量每一天，那也做不到。别说我们做不到，即使发达国家也做不到，因为大气污染既包括人为因素，也包括自然因素，当然自然因素影响的天数比较少，人为因素影响的天数比较多。

虽然没有任何权威的资料支撑，但我认为 2008 年后进步很小，基本上在一个台阶上，年日均浓度每立方米 110 微克和每立方米 120 微克差不多，在某些时段还出现了突出的问题，比如说大家说的雾霾这种现象。

每年季节变化的时候，由于气象条件不利，所以表现特别明显。但实际上即便能用肉眼看到的蓝天，也不是说排放就少，只是说气象条件好，显不出来。

北京空气按年算从未达过标　还需努力

问：有段时间环保局每月都会在媒体上发布当月有多少天蓝天的数据。

杜少中：实际上真正比较科学的考核是考核一年当中空气污染物的浓度和年日均浓度。就是说不管这一年哪一天如何，而只看这一年按日均浓度算是多少，这个比较靠谱，数天不是特别靠谱。

遇到空气质量看着不错的天儿，大家讨论空气质量时情绪就高，但明天一不好就说不行了，受不了了。比如说今天空气污染物浓度是每立方米 80 微克，明天是每立方米 110 微克，加起来一除是每立方米 95 微克，比如换个数，一个 90，一个 130，一除是 110，感觉上没有多大差别。严格说数天只是比较通俗，比较好记，比较明白。其实我也赞成数，可是不能跟这个天数较劲，应该跟年日均浓度较劲。

1998 年年日均浓度是每立方米 188 微克，现在大概是每立方米 110 微克，减了就是减了。但是这种情况如果分到天数上看，还是有好几十天不达标。所以还需要努力。

我曾发过这样一条微博：北京空气质量按年算从未达过标，就像病人高烧，只管看表换表不管退烧，看见小偷只喊包丢了不管抓贼。更有趣的是，小偷也跟着喊，比别人喊得还起劲，警察、小偷扭在一起时众人帮着小偷。都咋啦？

这里的"小偷"不是指某一个排污企业。每个人都在排放碳，排放悬浮颗粒，不能喊着"你们应该减排"，而是说"我们应该减排"。

问：现在全国范围内都出现过不同程度的雾霾，它的成因是什么？

杜少中：雾和霾是自然现象，但我们现在热议的这个"雾霾"不是自然现象，它是人为排放的结果。现在我们非得要说这两个字，那也应该带上引号，因为这个不是原来意义上的雾霾。

现在的"雾霾"是污染物排放的结果，监测是可以的，但不能跟监测的人较劲，再用多大的力量监测，空气质量也改善不了，所以必须得把污染物减下来。

专盯 PM2.5 的结果就是谁有监测设备谁挣钱

问：5 月的一天，您在自己微博中发布了一组雨后满布泥点的汽车照片，文字是"昨晚一场雨，看看今儿的车。这样的空气质量还用监测数据吗？现在专盯 PM2.5 是不是瞎耽误工夫？"这段话引发了网友的质疑。为什么说专盯 PM2.5 是瞎耽误工夫？

杜少中：先说监测，我们现在几乎穷极所有监测手段，就跟这个监测较劲，监测结果一出来，大家就骂，但却不说怎么治理。大颗粒跟小颗粒是包含关系，这个 PM 值当中有 50%～80% 是 PM2.5，你知道 PM 值，同时也就大致知道了 PM2.5 的数。

监测什么污染物，这跟国家、地区的发展阶段有关系。

我们污染特别重的时候，重点关注的指标是 TSP，即粒径在 100 微米以下的颗粒物，然后我们开始关注 PM10，即粒径在 10 微米以下的可吸入颗粒物。国家本来计划在 2015 年左右出台 PM2.5 即粒径在 2.5 微米以下的可吸入颗粒物的指标。

现在通过公众的关注提前出了这个标准，结果就是早花钱买了这些设备。等真正需要重点监测 PM2.5 的时候，这些设备又得换，再花一部分钱。早关注的结果就是这样，就是谁有这个设备谁挣钱，没有别的作用。

现在我们的主要矛盾是把 PM10 解决了，在经济发达地区开始关注 PM2.5 也是可以的，但是不能说全都盯着 PM2.5，谁都在讨论 PM2.5。

一次我去参加国际论坛，第三世界国家的人义愤填膺地跟我说北京的 PM2.5，我想问他们，你们气愤什么啊，你们连饭都吃不上，还监测 PM2.5？

空气污染的主要矛盾根本不是 PM2.5。它跟发展阶段相联系，不同的生产方式造成的空气污染，来源不一样，所以难道不管来源一样不一样，我们都要全盯着 PM2.5 吗？

问：2011 年后，在民间开始出现各种监测活动，比如达尔问环境研究所发起的"我为祖国测空气"活动，还有个团体叫"达尔问人"，每天拍蓝天来表示对空气质量的关注。您对这些民间活动和团体有什么看法？

杜少中：据我了解，美国从 1997 年到 2007 年准备了十年才开始监测然后制定标准。要按照美国的速度，我们从 2007 年开始监测，要到 2017 年才完成这个过程。

关注它确实应该有个完善的过程，你不能现在拿东西一试，在设备、方法、数据都没有到一定量的时候就拿出来公布。监测和公布PM2.5，那得有一个过程，而且这个事儿既然是一个严肃的事儿，就得有国家标准，按照标准公布，而不是谁想怎么公布就怎么公布。

当然，这确实有一个态度积极不积极的问题。还是应该积极，但是我到现在仍然认为，现在公布PM2.5的标准，你不能说早也不能说晚。提前两年公布是不是就好了？有好的一面，让更多的人关注了；但是让更多的人去买设备监测PM2.5，这个绝对不是好事。

治污染要先治心　转变消费方式

问：那您觉得改善北京的空气状况需要采取哪些措施？

杜少中：空气质量不是监测出来的，是治理出来的。减排是硬道理，怎么能够把污染物排放减下来呢？根本的措施就是转变发展方式，由过去的高碳、高污染、高排放转变成低碳、低污染、低排放。改善空气质量有一系列的措施，但关键是落实。

我认为用什么消费方式非常关键，消费方式在一定程度上决定生产方式。比如说土豪的消费，车得开好的，高档衣服天天换，所有的生活必需品都很奢侈，都这样空气质量肯定不可能改善。朱镕基总理曾说过，我们从环境当中攫取一，应当还给环境三到四，不管你是生产还是消费，反正你从环境当中拿来的好处，还得还给它。我觉得我们既要关注生产方式，也要关注生活方式。

人们要改变观念。我曾发过微博说治污染先要治心，环境坏了首先是心坏了。比如说盖很多饭店，尤其是高档饭店。其实一个城市到底需要多少个五星级饭店，甚至超五星级饭店？这个是可以做权衡的，不是说盖的越多越好。现在只要是个项目，就要盖高档的建筑，但这些建筑的利用率非常低，这非常浪费资源、浪费能源，造成很多的污染、很多的浪费。

一个高档饭店盖起来后，浪费行为、奢侈行为并没有停止，因为它用了超标准的资源，盖了一栋超标准的建筑，然后又用超标准的资源去维护这个建筑。

严格来说，一个高档建筑如果没有正常的用途的话，那纯粹就是一个罪恶之源，那就是盖的时候是开始犯罪，使用过程是继续犯罪，很好地使用是超级犯罪。所以，城市也好，一个单位也好，确实应该这么看问题。

大家都用这种观点去转变发展方式、生产方式、消费方式，才有可能改变环境污染的现状。

问：国外污染物排放的装备都有处理装置，为什么这种做法在我们国家很难做到？

杜少中：我的观点就是不能盯着监测设备，不能只关注监测数据，要盯着所有的污染的工业必须加上处理装置，要把污染物消灭在生产过程当中，而不是说排放出来以后再监测，再治理。

有一次我到德国去跟人做环境交流，我们在人家面前说我们的城市空气质量监测系统如何完备，人家跟我说了一句话，差点儿把我噎死。人家说，我们没有多少监测站，我们把钱都花在治理上了。

我们国家做不到这一点，我想是因为我们国家的人浮躁，一说污染了，赶紧监测，然后又土豪，买几个表，根本就不想怎么上个设备降低污染。

比如说卖羊肉串的，只想把这个羊肉串卖多少钱，不管它造成多少污染。小商小贩这么想，大企业的老总，甚至包括其他领导也是这么想问题。

公众参与不是搞点环保活动就行 要转变观念

问：您曾经说过，最乐意看到两件事：一是说到环保就和我的命相关，二是采取奥运会那样的措施。但是能做到吗？目前这个情况下，这个理想是空想。您觉得在改善空气质量方面，政府、媒体、NGO、企业和公众需要怎么做？

杜少中：有人说环保的公众参与是被管理者的事儿，我说不对，我觉得环保的公众参与，是社会的全体成员的事儿，只不过每个参与的成员有两种身份；一种是他的职业身份；一种是他的自然人身份。职业身份，比如说我现在是一个 NGO 的负责人，那么我要想怎么通过这种身份，让更多的人了解环境是怎么回事，做环境科普，动员更多的人参与。

如果你是一个国家领导人，你甚至要对战争负责。我在微博上说美国的领导人是最不讲环保的，因为他发动哪一场战争都没做过环评。战争对环境的影响是最大的，但是他没有考虑过环境的问题，他根本就不能说环保，他没有资格说环保。

其他的一些领导人在决定一个工程、决定一项政策、决定一个事儿时，要考虑它们对环境有哪些影响，对人们的观念转变有哪些影响，这个观念转变对环境的影响是什么。其实这些都应该考虑到。

我觉得这才是公共参与。不是说搞点环保活动，大家上街游行、骑车、绿色旅游或搞个绿色银行等就是参与环保了。

问：台湾环保人士简又新接受媒体采访时说，最终促使台湾环境改善的最重要的外因是人民的觉醒和支持，环保教育是台湾环保工作成功的最主要原因。大陆在环保教育方面的现状是什么？您有什么好的建议？

杜少中：教育不仅仅是书本教育，但书本教育是重要的方面。从小学生开始就应有的环境教育，我们在这方面确实不行。我去过很有名的学校，大家跟我讨论的环境问题，我一听根本就不是环境问题，说明校长、老师和学生都不知道什么叫环境问题，说明环境教育根本就不行。

日常生活中的这种环境教育多数是负面的。比如说消费都是引导土豪消费，建筑都是土豪建筑，发展也是土豪式的一种发展，怎么会有环保教育？甚至决定一个工程的时候，一个缺水的城市非要盖一个费水的项目，这不是缺心眼儿吗？现在大家都不考虑环境问题，说到底，还是环保的公众参与程度太不够。

这里确实有一个社会引导的问题，要形成一种氛围，无疑是谁的权力大一些，谁的责任就大一些。因此我说环保很简单，就是环境保护、人人有责。环保又很复杂，怎么复杂呢？要政府、公众积极参与。社会组织包括企业要努力搭建各种平台，让大家都能够参与。全社会都要转变发展方式，建立与环境友好的可持续发展的生产方式，与环境友好的生活、消费方式。只有这样你才能够把发展方式转变过来，追求一种对社会有持续推动作用的发展，而不是追求这种大家不需要的发展。

GDP 驱动的发展是傻子式发展

问：说到环保就必然涉及一系列利益问题。现在一直在提京津冀一体化中转变产业结构的问题，有人说这是为了北京人，砸了河北人的饭碗。

杜少中：减，当然难度就大一些，这对谁都是个考验。如果我们还是GDP 驱动的思维，总是害怕那些污染企业受损失，那肯定就不行。实际上，维持高碳的发展方式，也会影响居民的利益，因为欠环境的账迟早是要还的，你现在不损失一些利益，那早晚都得付出更大代价。

我们把低碳发展说成智慧发展，相对于智慧发展，那纯追求 GDP 不就是傻子式的发展吗？

一样可以投钱，一样可以投到合适的地方，用低碳的方式。一样可以使GDP 增长，让经济总量增长，只不过比那个费劲点儿，费脑子。还不能受任期的左右，五年一个任期，六年的事儿我就不能干，其实就是私利。所以说环境问题的解决，先要治理。治环境先要治心，环境坏了，是因为很多人的心坏了。

我们治理环境的成果能有多大，要看我们到底准备做多大牺牲。其中有些是必须牺牲的，比如改掉奢侈浪费的习惯，放弃我们既有的生活方式：你不能一个人开一辆车，甚至不能天天开车。不要一说淘汰落后产能就是壮士断腕，那不是壮士断腕，是割除毒瘤。

有经济效益的吸引 企业才有动力减排

问：您之前在北京环境交易所工作了两年多，这个交易所对环境保护有什么作用？

杜少中：环境交易所虽然有"环境"两个字，但它并不是行政机关，也不隶属于环保局。

字面上理解，环境交易就是把各种环境要素换算成钱，换算成价值，然后进行交易。有人一说到交易，由于知识程度不够，就说又圈钱了。这个不对，因为没有交易是简单的"圈钱"，即使是证券交易，也有智力的投入。

环境交易其实跟证券交易不同，证券交易更多的是融资，环境交易恰恰相反，它是通过这种经济利益的关系，运用交易的方式刺激人们节能减排。

把各种环境要素换算成钱，用得多的得掏钱，要买那些指标，用得少的能挣钱，那么就刺激你少用，少用可以挣钱。怎么用得少？节能减排，技术创新，技术进步，除此之外没有别的主意。企业都是逐利的，有了经济效益的吸引，就有动力去减少自己的排放量，愿意投入资金去研究节能减排技术。

问：如何进行监管呢？会不会出现有的企业把不用的指标卖给别人，结果自己却偷着排放的情况？

杜少中：环境交易所是用市场的平台，用经济的、法律的手段来促进、调动人们的积极性的，特别是企业，实现经济效益的同时也实现了社会效益。

市场化方式的最大优点就是公开、透明、公正，不是暗箱操作，分配给你多少，他会哭就多给点，他不会哭就少给点，这个都一样。

监管方面，第一是严格按照规矩办事，第二，如果说通过实践发现漏洞，那就补漏洞。这个罚则还得确实罚到你的痛处，让违法的成本不能太低，守法的成本不能太高。

比如碳交易规则是通过征求意见、公示、专家验收、专家鉴定、审查，最后行政机关批准后才公布的，这不能随便来。

环交所说简单点就是两个动作，一个是摆摊，一个是看门。把这个摊摆起来就是搭建平台，看门就是不符合规矩的不能进，而且这个门不是靠脸就能进来的。这个门不是说由人看，是由条件看，是网上看，您符合这个条件您就进来，您不符合条件认识谁也没用。

这也要求我们的制度要进行总量控制，把所有的资源配额放到市场中来，不能有的企业花钱买，有的企业政府直接分。同时每年还要有减量，每年市场上的总量要减少，不能每年都这么多，从这个盘子放到那个盘子，那就起不到改善的作用。

问：企业交易后的佣金如何分配？

杜少中：交易佣金按照市场规则分配，交易所收取交易额的 7.5‰，用来维持平台运行。我们现在 3 000 多万元的交易额，交易佣金就是 20 万元上下。交易所交易平台的运行，运行人员的工资、房租，20 万元根本就不够，别说挣钱，就连吃饭都是问题。因此，环境交易所的发展，一是做大交易量，二是节约运行成本，三是围绕主业开展增值业务。

所以说，交易所成立不应该是为了挣钱，而是为了降低交易成本，使得交易公开、透明。

问：对企业来说，碳排放交易现在是强制性的吗？

杜少中：一部分是半强制性的，在北京一年碳排放量达到 10 000 吨以上的强制。交易所的运行还要靠降低运行成本，还得节约，所以交易所不会盖一个土豪大楼。当然，我们同时还要依靠增值业务推动发展。

媒体报道

做环保工作需要狼性

《节能与环保》　2013 年 12 期　陈向国

"碳排放交易规则是根据科斯定理制定的。"杜少中说。科斯定理是在产权清晰的前提下解决产权问题的定理，简单地说，就是把外部因素内部化。对于企业而言，"内部成本已经算了账，造成的外部因素如环境污染、二氧化碳排放等也不能不算账。如何让企业承担外部经济责任？这需要清晰产权，知道哪些外部因素是该企业生产的，使其内部化，通过交易，使成本降低，达到资源配置最优"，杜少中对科斯定理做了进一步的说明。"环境交易就是用市场化的手段解决环境问题的平台或促进市场化解决环境问题的平台。"身为北京环境交易所董事长的杜少中道出了环境交易的本质："通俗地讲，环境交易就是把环境要素换算成钱，用得多的要掏钱，用得少的能挣钱。其作用是通过交易调动社会各方面积极性，促进技术进步、技术创新。"

应对气候变化即使是"阴谋"也得推进

应对气候变化的措施就是控制温室气体排放。温室气体中二氧化碳首当其冲。国际社会试图通过达成相关国际协议，使全球二氧化碳排放总量减少。但此过程一波三折，步履维艰。"中国在国际社会碳排放市场发生重大变化的情况下，扛起应对气候变化的大旗，是因为无论如何中国都得进行低碳革命，走低碳发展之路。"杜少中说。

"阴谋"与否可暂且不论

记者：有观点说，发达国家所谓的应对气候变化是一场制约发展中国家发展的"阴谋"。对此，您怎么看？

杜少中：现在中国代表（代理）发展中国家与发达国家进行碳交易的相关谈判。说发达国家提出的应对气候变化是一场"阴谋"也有道理。发展中国家与发达国家谈判的焦点是二氧化碳怎样减排。发达国家坚持要总量减排，中国则希望先有个过渡期，先进行强度减排。

记者：总量减排与强度减排区别在哪里？

杜少中：概念不同。现在公开的排放数据是中国和美国排放并列第一，各占世界排放量的1/4，即75亿吨。美国希望在75亿吨的基础上，进行总量减排。而我国的承诺是在2005年排放量的基础上到2020年减排40%～45%，也就说从2005年到2020年是个过渡期。在这个过渡期内我国实行单位强度减排。强度减排只是现在单位GDP产值消耗能源所产生的排放量减少，而总量肯定是在75亿吨的基础上增加。这就是中美之间的本质分歧。

记者：我国为什么不采取总量减排？

杜少中：美国的工业化已经完成，能源消费总量呈缓慢增长，如果采用先进技术可以实现排放量总体下降。而我国，工业化还没有完成，正处在依靠能源消费支持经济增长的时期，能源消费需求快速增长。在这种情况下，如果要实现排放总量减少，光靠技术进步不可能实现，要实现的话只能降低能源消费量，但目前，要保持一定的经济增长主要还是要靠增加能源消费。卡死了能源消费，就等于让我国停住发展的脚步。在这个意义上说，应对气候变化是一场"阴谋"有一定的道理。

记者：既然是"阴谋"，那我国为什么还要积极应对气候变化？

杜少中：我国经济发展面临着能源制约、环境压力。如果我们不应对气候变化，不承诺二氧化碳减排，那我国对能源的需求的增速就不会下降，因使用化石能源带来的生态环境承载力越来越差的压力就不会下降。换句话说，中国要发展，暂不说发展好，就必须解决能源、环境压力的问题，而解决问题的办法就是应对气候变化。因此，即使发达国家提出的应对气候变化是制约包括我国在内的发展中国家的"阴谋"，我们也绕不过解决能源、环境压力的问题。在这样的现实下，"阴谋"与否可暂且不论。

我国其实不是逆势扛旗

记者：应对气候变化的国际框架公约《京都议定书》在实施的第一阶段末，世界碳市场发生了很大的改变，诸如美国、俄罗斯等国都退出了。而我国却在这个时候扛起了应对气候变化的大旗，我国为什么要逆势而为？

杜少中：第一点刚才已经说过了，那就是我们要继续发展就必须解决能源、环境问题，就必须应对气候变化。第二点，要看清形势，找到本质。的确，碳市场发生了巨变，在《京都议定书》执行的第一阶段有40%多的国家参与，到第一阶段末只剩下14%的市场，美国、俄罗斯、日本、新西兰、加拿大等国相继退出。表面看，世界应对气候变化正在走下坡路，实际则不然。

记者：请您进一步解读一下。

杜少中：总的来说，这些国家的退出对碳市场没有影响，虽然表面上退出了，但想做的依然在做。我们知道，美国正在与中国进行应对气候变化合作。那这些国家为什么退出呢？先说美国。有三点原因使它要退出。其一，它不愿意看到欧盟主导制定游戏规则；其二，它不愿意看到像中国这样的发展中国家拒绝总量减排；其三，美国传统世界老大的思维决定了它既要在总体上占便宜，面子上也要光彩，因此，它决定另起炉灶。日本唯美国马首是瞻，美国退出，日本跟着退出。俄罗斯退出是因为它想把热空气换算入减排量：该国生产下降，经济发展大幅滑坡，这导致能源使用的绝对量下降，从而使排放量大幅下降。俄罗斯希望把这部分因生产下降产生的减排量换算成其承诺的减排量，以获得资金。这种被动的休克疗法产生的减排量没有被承认，所以它退出。虽然这些国家退出了，但大多数还是在做的。因此，国际社会应对气候变化的大势没有改变，中国是在顺势而为。

75亿吨排放量既是负担也是聚宝盆

记者：我国占世界总排放量的1/4，即75亿吨。如何解决这么大的排放存量？

杜少中：75亿吨排放量既是负担也是聚宝盆。为什么又是聚宝盆呢？因为把这些排放量做碳盘查、碳开发，把它拿到碳市场上去交易就可换成钱。当然，这种开发，必须按规律、按总量要求、按一定标准开发，得到权威认可，才能挂牌交易，形成正能量。

记者：实现的可能性在哪里？

杜少中：发达国家依然在做减排，但其减排的成本很高。在这种情况下如何取得一定的减排量？解决的方法就是到发展中国家购买排放权，这样的话，它就可以用较低的成本实现减排。我们对这75亿吨的排放量就可以进行碳盘查、碳开发，拿到碳市场上去卖，以此来筹集减排资金，推动碳交易、推动碳市场的发展。

记者：应对气候变化在有利于自我长远、可持续发展的同时，也是在尽国际义务。如何帮助完全发展中国家实现长远、可持续发展？

杜少中：完全发展中国家第一要务是为生存而发展，它们当前需要国际社会支持它们能吃饱饭的发展。至于应对气候变化，这些国家根本顾不上。那怎么办？只有自己减少排放，为它们的发展留下空间，在其发展起来后再让其减排。

换思路、会算账很重要

"如果全世界只有一个馒头，那你拿多少颗钻石也难以买到。现在地球上的能源还没到只剩下一个馒头那样的程度，但是，的确是剩下的越来越少了。所以，每节约一点能源都很重要。"杜少中如是说。杜少中认为，在低碳发展中，换位思考、换思路也很重要。

算企业内部小账　更要算能源大账

记者：不久前，您到 SOHO 中国节能中心去参观，潘石屹请您给他算算节能账。您是怎样给他算的账？

杜少中：他自己的账已经算得很清。几十亿的资产，拿出几百万做节能非常合适，因为企业切实得到了节省能源带来的好处。他让我给他算账，我说，你应该算三笔账：第一笔算大账。如果全世界只有一个馒头，那你拿多少颗钻石也难以买到。现在地球上的能源还没到只剩下一个馒头那样的程度，但是，的确是剩下的越来越少了。所以，每节约一点能源都很重要。第二笔是企业账。包括两部分：其一，搞节能，践行国家的大政方针，可以树立企业良好的形象；其二，企业切实节约了资金。第三笔账在他形成减排量的基础上，我（北京环境交易所）帮他筹集市场化的减排资金（将形成的减排量转化为资金）。这样的话，他投入一次后就可以不再投入，再投入的话就是扩大投入。这样他的节能效益就会越来越大。

记者：您非常重视建筑节能。为什么？

杜少中：根据公开的资料，建筑能耗占全国总能耗的 30％，全国既有建筑面积 430 亿平方米，其中公共建筑占一半以上，节能达标率不足 10％。如果可以为节能工程降低成本提供支持，那么节能交易大有可为。建筑领域节能是我国节能的一笔大账，应该认真算好这笔账。

记者：节能账有时很小，有些人并不太在意。您怎么看？

杜少中：确实，有时节能减排账不大。北京环境交易所与北京市交通委合作 ETC（电子收费系统）项目，398 条 ETC 一年半的时间减排 6 000 吨，在交易所挂牌出售，筹得资金 12 万元人民币。钱的确不多，但其价值被认可。更重要的是，找到了筹措资金的一条路径，而且是可持续的路径。就碳市场而言，它也是在培育中不断成熟壮大的。在节能减排上，大事要做，小事也要做。积少成多，勿以善小而不为。

记者：节能减排这个账大家都有一定的了解，但因为资金困难，这个账很难算。这个问题怎么解决？

杜少中：绿色金融会给节能减排很好的助力。北京环境交易所正在做这个事：为节能减排资金的解决提供平台。在这之前，金融行业已经不同程度地介入节能减排领域。那我们的绿色金融与以往的金融业务有什么本质的区别？如何让绿色金融不可替代并形成有利可图的长期合作关系？我们做了三方面的工作：一是为银行排除绿色风险。银行愿意把钱贷出去，但担心收回风险。我们把这个风险给它排除掉。二是提供绿色机会。三是提供绿色信息。目前，民生银行已经给我们 10 亿元人民币的贷款授信。

换角度　转思路

记者：环境交易与股市交易有哪些不同点？

杜少中：股市交易的兴奋点在大盘上，而环境交易则不是。如果把环境交易看作生产，那它的兴奋点在生产过程中；如果把环境交易看作戏剧演出，则它的高潮、兴奋点在排练过程中。为什么会是这样呢？以北京环境交易市场为例。北京的 435 家排放大户将强制交易，排放 1 万吨以下的是自愿参加。这样的话，参加交易的不过几百上千家，数量级不大。而股市往往是几十万上百万家，散户、基金都一起上，所以它的兴奋点在盘上。另外，需要强调的是，环境交易所是以提供低碳转型服务为基本功能而存在的。它的盈利主要也不在盘上：一则交易量少，二则国家要求降低交易成本。

记者：现在有不少地方都希望有自己的环境交易所。您怎么看这个倾向？

杜少中：2015 年我国将初步建立全国环境交易市场。的确有不少地方想要建本地的环交所，这些日子我就遇到了不少有这样需求的地方领导。我觉得这些地方领导走入了误区，应该转变思路。

记者：请简要分析一下。

杜少中：2015 年推动全国碳市场建立后，环交所将从现在的 7 个变成 3 个。从目前的情况看，7 个试点中已经有两个不具有完全的交易功能。也就是说，现在建成了，绝大部分都会被撤掉。与其这样，不如转变思路，把关注点放在建交易所之外的合作上。需要说明的是，北京环境交易所可以做国内、国际的业务，只要不和其他交易所争抢就可以。

记者：有些地区特别是西部地区，常有这样的疑问："到底是东部的好空气多，还是西部的好空气多？为什么我们有大片的草地还摘不掉污染的黑帽子？"对于这样的疑问您怎么看？

杜少中：对于第一个疑问，我想不妨换个角度、换个思路，把问题转化为:"如何让东部提供抵量,西部降低排放量?"这样的话就容易找到解决问题的方法。怎样让排放做得好的做得更好?怎样让差的企业被淘汰或者升级转型?用提高排放成本的方法鼓励好的,鞭策差的。对于第二个疑问,就是要证明自己是低碳的。解决的方法有两个:一是生产过程低碳;二是如果这个不能证明,那就要有别人的抵消量,采用碳标签的方法解决。现在有些地方排放多,有些地方排放少,这是我国发展不平衡造成的,是发展中的问题。这个不平衡问题只能在发展中解决:污染、排放大的产业步子小些,环保产业步子大些,而不能采用治罗锅那样的方式不顾死活一脚踹下去。

做环保工作需要狼性

"在我担任北京市环保局新闻发言人8年的时间里,有很多记者问过我诸如'这些年环保工作取得的最大成果是什么?希望在哪里?最大的挑战和遗憾是什么?'的问题。我想,这是一个问题的两个方面。最满意的是防治成果比较显著,公众的意识不断提高。从挑战或遗憾的角度看,污染防治力度不够大,如果够大,就不会时有污染天;公众的环保意识还不够高,如果够高,国庆日天安门的垃圾就不会那么多。我们必须迎接挑战,继续加大污染防治力度,提高环保意识。"在谈及环保现状时杜少中如是说。

狼性意味着韧性和爆发力

记者:"巴松狼王"是您的微博名称。据我们了解,"巴松"取自西藏一个美丽的湖泊——巴松措,而"狼王"则是希望有一种保护环境的力量和性格。您的微博个性签名写道:"回归自然、恢复野性,谁破坏环境就跟谁玩命。"这充分体现了您的环保狼王的追求与向往。您希望每一个环保工作者都有这样的气质。那如何让更多的人具有这种狼性?

杜少中:先要说一下狼性。狼不仅仅是吃饱一件事,其行为、性格是持续的,其性格体现在整个生命周期内。狼的性格特征包含着两个方面:韧性和爆发力。现在从事环保工作正需要韧性和爆发力合二为一的狼性。环保工作需要更多具有狼性的人加入进来。为什么需要更多的具有狼性的人参与环保工作呢?因为环境保护是必须通过公众参与才能比较好地解决的事业或工作。换句话说就是,环保事业发展的程度取决于公众参与的程度,公众参与的程度越深,环保工作进行得越好。公众包括全体成员。可以说,不论是总体规划还是单项环保计划的成功推进,都是政府与社会组织、公众共同努力的结果。

记者:具体说,如何让公众、政府、媒体具有狼性?

杜少中:要做到信息对称。政府拥有大量信息,应把这些信息及时让普通民众共享，民众应尽最大努力了解；媒体要善于提出问题并给出科学的结论。这样，政府引导、民众参与、媒体监督使环保规划得以落实、推进；同时环保理念与行为紧密融合，在改善环境的过程中，公众的环保意识得到提高。这样的话，在环保问题上就会形成一种只争朝夕的势头，人们不会因为有环境问题是长期形成、需要长期过程才能解决这种想法而懈怠。狼性中的韧性与爆发力就可以逐步形成并形成性格。

不仅中国，在世界范围内环保都是一锅夹生饭

记者：在环境治理的问题上，政府被指监管乏力，也就是说没有狼性。对此，您怎么看？

杜少中：在世界范围内，不仅仅中国有环境问题，其他国家也面临这个问题。在环境治理这个问题上，大家都是一锅夹生饭。当然，我们面临的情况更复杂些。夹生饭不好吃，因此，从事环保工作面临选择：干还是不干。现在看，更多的人选择了干。政府的监管力度也是在加强的，这个应该是有目共睹的。成效的取得需要一定的过程。

记者：从事环保工作面临怎样的选择？

杜少中：举例来说吧。"你""我"共同去一个工作场所，每人拿着一瓶水。水喝完了，"你"把空瓶放在了垃圾箱里，这种行为是正确的。而"我"却随手扔在脚下。这时"你"面临三种选择：一是帮"我"捡起来放到垃圾箱，那么，"你"承担了"我"的污染，代表人类接受处罚。二是不理睬"我"的行为，但作为一个从事环保工作的人员来说，心里肯定矛盾、不舒服。三是提醒"我"，这可能引起"我"的不满，还可能对"你"恶语相讥。这三种选择都是不容易的，更是不轻松的。因此，从事环保工作面临选择，选择的过程体现狼性中的韧性和爆发力。现在看，选择不理睬"我"的人越来越少了，选择帮"我"捡起来、提醒"我"的人越来越多了。这说明乐于挑战的人多了，具有狼性的环保人士越来越多了。这样，环保这锅夹生饭才能早一些熟。

记者：有效的媒体监督是促使环保夹生饭尽快熟的重要力量。您如何看待媒体监督？媒体如何做好监督？

杜少中：媒体监督是现代文明社会的规定动作，只要有现代文明就会有媒体监督。环保监督要按照环保发展规律，科学监督；同时也要按照媒体发展规律履行科学监督职能。环保监督要将事物说清、说准、说透。需要注意的是，媒体的发展需要吸引眼球，提出问题，这是媒体发展必须做的，但对提出的问题要给出科学的结论，很好地发挥引导舆论、影响舆论的作用。一定向科学方向影响，站"对"（位置）而不是站队。对的事情要敢说。现在经常碰到的是瞎说，而不是敢说。坚决支持敢说的，坚决反对瞎说的。

让群众参与的渠道建设还在初级阶段

记者：您在北京市环保局任副局长时，进行了一些让群众参与环保的渠道建设，如有奖举报等。这些渠道建设顺畅吗？

杜少中：有奖举报在我之前就有人提出了，只不过我给完善、制度化了。刚开始的时候，就有人担心"会不会有人拿它当营生"。我说，即使真的这样也没有坏处：我们的执法力量不足，发现问题的能力更不足，有人给我们弥补不足是好事。给他们报酬不会有问题，因为这符合按劳取酬的原则；环保局付出的成本也不会太高。有人天天盯着这件事，是好事啊：他的行为如果能引领、促使更多人参与环保，那这有利于环境治理，有利于提高公众环保意识，是大好事，应继续推动。

记者：政府在这方面的渠道建设目前处在哪个阶段？

杜少中：总的看还处在初级阶段。环保事业需要公众的参与。刚才已经说过了，环保事业发展的程度取决于公众参与的程度，公众参与的程度越深，环保工作进行得越好。因此应该健全公众参与的渠道，无论是在监督、防治还是在环境建设上。

记者：应该建成怎样的渠道呢？

杜少中：要建成既能发挥职业功能又能让自然人积极主导发挥作用的渠道，使每个人在工作岗位上尽职尽责或参与其中，在岗位之外、在日常生活中为环保和低碳改变生活方式、消费方式。

采写感言

低碳发展、环保事业需要杜少中这样的"狼王"

北京产权交易所董事长熊焰把杜少中就职北京环境交易所董事长说成是"华丽转身"，其实在此之前，杜少中已经转过一次身：标志事件是《微薄的力量在微博》一书的出版发行，他告诉记者，原本想教课、写书，全国转一转，写写微博，主管教研、写书。那样的生活节奏比较舒缓，《微薄的力量在微博》出版发行后，清华大学给我领发了聘书，之后，人民大学给我发了聘书，而且我已经担任中国公共关系协会政府公共关系委员会副主任之职，可以说第一次转身已经完成了。这个时候，很意外的有了这个活儿（北京环交所董事长），这事挺有挑战的，我喜欢挑战。

敢于担任北京环交所董事长体现了杜少中的狼王品性，熊焰在杜少中上任时说，"我深知环境权益交易市场巨大，操作难度也极大，这活儿不好练、希望其能把环交所带动低谷。"至今，杜少中任职不足一年半，他说：
"去年的时候已经有所盈利，今年会比去年强一些。"也就是说北京环交所正在走出低谷，问他这活儿好不好练？他说："不好练还是不好练，不好练也得练，因为要解决环境问题就需要搭建市场化平台，总得有人干这件事，我们是属于比较靠前的实践者之一，有些新问题得探索，新道路得开辟，难是难点儿，但也还是有办法，需要有实践。

杜少中在新的岗位上再次展现了狼王性中的韧性与爆发力，"熊焰认为，这是为我提供的一个新平台，一个新战场，我很感谢命运安排，虽然这是极具挑战的岗位，但它给我带来挑战和快乐！"韧性和蕴含的爆发力在杜少中身上表现得淋漓尽致。

低碳转型、环境治理将是一个较长时间的痛并快乐、先痛后乐的过程，这个过程需要狼的韧性和爆发力。但愿有更多的像杜少中一样的"狼王"出现。

（本文原题为《发展经济绕不开解决能源环境问题的门槛》）

媒体报道

环保公众参与要解决的五大误区

《中国环境报》 2015 年 9 月 30 日 杜少中

《环境保护公众参与办法》（以下简称《办法》）于 2015 年 9 月 1 日起正式施行。这一《办法》标志着环境保护公众参与正式成为环保事业中一项得到高度认可的重要工作。这是一个很有益的开始，解决了公众行动所当遵循的标准的问题，对政府和其他社会组织及公众个体如何组织和参与环保活动都有了要求。

《办法》是做好环保公众参与很重要的一步，但有很多认识问题，最终还是要统一思想。笔者认为，环保公众参与首先要推动解决当前 5 个认识误区。

第一个误区，即环保公众参与的对象，有说法认为是政府行政管理的相对人，也有的说是老百姓。从国内外环保的实践和环保事业发展的需要来看，显然不是。环保公众参与主体应该是社会全体成员，因为每一个人都是环境的参与者，每个人既是环境污染的制造者，也是环境建设的参加者，没有人可以把自己置于环境污染和环境保护之外。

第二个误区，即只要一说到公众参与，网络上的一些人就会说这是政府在推卸责任。事实上，政府作为社会运行的组织者，无论是机构还是公务员个人，其环保责任都是法定职责，是推脱不掉的。每一个人都会以两种方式参与环境保护：一种方式是以自己的职业身份参加环保，也就是在他的职业角色中，体现他对环境的态度。无论什么职业、什么职务都面临环境问题，都必须做出自己的选择。另一种方式是每一个人以一个普通公民的身份参与环境保护，居家外出、衣食住行都与环保息息相关。何况政府官员如果有推卸责任的企图，是要被追责的。这个问题只与参与的方式和程度有关。

第三个误区，即说到公众参与，就认为有人参与就是公众参与。这涉及如何引导公众参与，如何正确维权。维护公众环境权益，首先维护的是公众的知情权和参与权等，我们从不同角度研究就有不同题目。当下的公众参与往往与建设项目联系在一起，令人纠结的是多少人参与算合法。当然，数字是有法定界限的，不是谁说多少就多少。但更重要的是要坚持两个"靠谱"：一是按质按量组织起靠谱的人来参加；二是参加者要依法依规做靠谱的事。既不能偷偷摸摸自己"拼"出一些公众来，一有人反对又信誓旦旦地予以承诺——只要公众反对，我们就不建，也不能事不关己高高挂起，自己在垃圾场周边买了房子，就主张把垃圾场迁到别人家门口。当然，现在邻避现象的产生和解决不仅是个认识问题。以重庆某地为例，过去建厕所很难，但是自从建了一个五星级厕所以后就不难了，因为这一厕所不仅没味儿，反而还带动周边的生意好做了。人民代表大会上曾有人提议在自己家旁边建厕所，这说明什么？如果一个建设项目与人、与环境友好，人们为什么会不欢迎？环保的公众参与一定是应运而生的，不能生造出一种参与，没有环境的社会需求，就不可能有环保的公众参与。环保的公众参与又是一定要恰当引导的，引导中既要讲道理，也要解决实际问题。

第四个误区，认为环保科普宣教是软指标。环保公众参与的一个重要特点是要动员公众，要运用环境科学知识来动员。这个动员的过程不仅要政府组织，也要公众参与。但长期以来，这项工作不"硬"，干这事的人不"硬"，各级组织也不实指着这事，公众对此有看法，多数人不太当回事。但这确实是环保公众参与的重要方面，关系到怎么让环境科学从专家科研成果变为公众共识，关系到如可让少数人的业务行为成为大多数人的公众行为。

第五个误区，认为公众参与有多少算多少。政府和其他社会机构都有责任为公众搭建参与的平台。现在有政府机构提供的平台，如建设项目公众参与、环保举报热线12369等。除此之外，还要鼓励各类社会组织和企业组织开展内容丰富、重点突出、形式新颖、便于参与的活动。应该有计划、有目标地搭建公众参与的平台，公众可以有比较充分的选择。如开展少开一天车、千名环境友好使者、清洁空气我是专家、环保主题文化周、环保知识手机竞答等活动。

特别是要让民间环保组织在环保宣教中有用武之地。环境科普、公众参与、信息公开，以及推动绿色生活、开展公众监督、与新老媒体合作，都应该充分运用民间环保组织的社会资源，动员、鼓励、引导他们参与，形成改善环境的社会正能量。

环保事业需要广泛的公众参与，在互联网条件下，还要依托互联网搭建公众参与的平台。了解更多的公众呼声，让环保事业充分体现民意，才能有效促进环境问题的解决，构建和谐社会。

02 观点 Opinion

E-mail:hjbsplb@sina.com

责编：杨奕萍　电

业界评说

公众参与要解决哪些认识误区？

◆杜少中

《环境保护公众参与办法》（以下简称《办法》）于2015年9月1日正式施行。这一《办法》标志着环境保护公众参与正式登堂入室，成为环保事业中一项得到高度认可的重要工作。这是一个很有益的开始，解决公众行动有所遵循的问题，对政府和其它社会组织及公众协同行动起着引导和推动作用。

《办法》是做好环保公众参与至关重要的一步，但有很多认识问题，最终还是要统一思想。笔者认为，要推动解决当前5个认识误区。

第一个误区，即环保公众参与是政府管理的相对人，也有的说是老百姓。从国内外环保的实践和环保事业发展的经验看，当然不是。环保公众参与主体应涵盖社会全体成员，每一个人都是环境的参与者，既是环境污染的制造者，也是环境建设的参与者，没有人可以把自己置身于环境污染和环境保护之外。

第二个误区，即只靠一说则公众参与，网络上的一些人就会认定是政府在推卸责任。事实上，政府作为社会运行的组织者，无论是执行者还是公

务员个人，其环保责任都是法定职责所在，是推脱不掉的。每一个人都会以两种方式参与环境保护：一种方式是以自己的职业身份参与环保，也就是在你的职业角色中，体现你对环境的态度。无论什么职业、什么职务都面临着环境问题，都必须做出自己的选择。另一种方式是每一个人还要以一个普通公众的身份参与环境保护，居家室外、衣食住行都与环境息息相关。何况政府官员负有推卸责任的全国，是要被追责的。这个问题又与参与的方式和程度有关。

第三个误区，即公众参与的合理性问题，或者地之如何引导、约束与维权。维护环保公众权益，首先是公众的知情权和参与权，我们以不同角度研究就有不同问题。当下它的社会性是多少人真正联系在一起，令人判断的是多少人会真合法。当然，数字是有法定界限的，不是谁现多少就多少。但更重要的是要影响多少人的舆情。一是按照数量组织起宣传的人来参加，二是参加者要依法依规尽量多的事。既不能偷偷摸摸自己"树"山地公众来，一有人反时又信誓旦旦地予以承诺，只要公众支持，我们就下说了。也不能事不关己高高挂起，自己

在垃圾场周边买了房子，就主张把垃圾场过到别人家门口。当然，现在那些现象的产生和解决不仅是个认识问题，以重庆某地为例，过去建厕所限难，但是自从建了一个五星级厕所以后就不难了，因为这一厕所不仅没味儿，而且带动周边的生意好做了。人民代表大会上曾有人提议在自己家乡建设新型的、与环境友好、人们为什么不会不欢迎？环保的公众与一定是点击流而生的，不能生造出一种参与，没有环境的社会需求，就不可能发展起来的公众参与。环境的公众参与又是一定要抬当引导，引导中跟要讲道理，也要解决实际问题。

第四个误区，认为环保科普宣传是软指标。环保公众参与的一个重要特点是要动员公众，要运用环境科学知识来动员。这个动员的过性不仅是政府组织，也要公众参与，但长期以来这项工作不不"硬"，干这事儿的人也不"硬"。各项组织也不实而着重，公众对比有意者，多数人也不太乐回顾事。但连睡觉才是环保公众参与的重点方面，关系到怎么让环保科学人专家研究成果为公众共识，关系到少数人的业务行为成为大多数人的公众行为。

第五个误区，认为公众参与有多少算多少，政府和其它社会组织都有责任为公众搭建参与的场所。现在有政府机构提供的平台，如建设项目公众参与、环保热线电话12369等。除此之外，还要鼓励组织和企业组织开展更多形式新颖、便于参与的活动，成就有计划、有目标地指进公众参与的平台，公众可以有比较充分的选择。如开展少年一天本、千名环境友好使者、清洁空气我、环保主题文化周、环保知识手机竞答等活动。

特别要说让民间环保组织在环保宣教中有用武之地。环境科普之、公众参与、信息公开，以至于推动绿色生活、开展公众监督、与新老媒体合作，都应该充分运用民间环保组织的社会资源，协同、鼓励、引导他们参与，形成政务环保的社会正能量。

环保事业需要广泛的公众参与，在互联网普升下，还要依托互聚网络建公众参与的平台。了解更多的公众呼声，再以互联网普充分体现民意，有效促进环境问题的解决，构建和谐社会。

作者系中国传媒大学健康与环境传播研究所所长，全国环境新媒体联盟主要发起人

（本文原题为《公众参与要解决哪些认识误区？》）

狼王手记

拨开"雾、霾"见蓝天

近期，我国多地又呈现"雾、霾"频发囧态。正所谓"病来如山倒，病去如抽丝"。发展转型的长期性、艰巨性决定了雾霾治理的长期性、艰巨性。现在正是雾霾高发期，谁也别指望一下子就天天蓝天，但力求每年雾霾天少一些、污染浓度降一些还是可以的，也是可能的。雾霾治理的强度决定了改善期限的长短，所以必须努力减少各种排放。我想这是每一位遭遇雾霾困扰的同胞都应该有的态度，"吐槽"、抬杠都是没有用的。

"雾、霾"成为周期性话题，每年秋冬转换时节，既是雾霾频发季，也是相关舆情热度上升的时期，雾霾不断，舆情不断。每逢此时，大致会出现这样几类声音：批评雾霾预警的科学性，对雾霾治理成效不满意；质疑官方发布的数据，怀疑数据等造假；借题发挥，传播雾霾各种真假成因。今年比较典型的是网上流传国外研究人员发现北京污染严重的空气中含大量耐药性分子，"或将"如何如何。好在北京市卫生和计划生育委员会很快回应了：耐药性和致病性是两码事。不像以前，说"雾霾不散是因为'核污染'"，传了好几年，才有专业权威机构出来辟谣。

官方的反应一般是"慎重"，并且经常是过于慎重。因此，比较被动。而且往往是先不说，等到说时又常常慌不择言。其实说的都是专家们的"科学官话"，有的不接地气，有的时机不对。比如说解读厄尔尼诺现象。本来无可厚非，污染物排放强度大是造成污染的根本原因，气象条件是污染天气显现的客观条件。但是当污染已经出现的时候，过多强调客观原因，肯定会给公众造成"拉不出屎赖茅房"的印象。一遇好天就说污染减排成果，难免有贪天之功的嫌疑。难道就不能反过来，好天的时候说厄尔尼诺，污染重的时候讲污染源，动员减少排放？还有就是不出热闹不说话。网民们没黑没白地泡在网上，而"官微"们都休双休日。就不能适应一下当下舆论？有热闹的时候大声回应，消停的时候，持续动员公众参与，治理力度不减，呼吁减排声音不间断。何不通过污染治理、舆论引导两条线全天候地为改善环境质量营造良好的社会氛围？

　　还是要说说什么是"雾、霾"。《辞海》说得很清楚：雾、霾都是天气现象。雾是大气中的水滴、冰晶，雾是清白的，不能给雾抹"污"。霾是大气中的烟气、微尘、盐分，亦称"雨土"，说的是自然界的尘埃。《辞海》中说雾、霾是两件事，相对于空气质量来说，雾是干净的，霾是脏的。这两种现象都是自然的，从来就有，所以现在即使在环境最好的国家城市，一年中也会有些天空气质量不好，这就是自然界造成的污染。而我们今天看到和谈及的"雾霾"，则是人为排放污染物造成的大气污染，不能混淆，把人造污染一"霾"了之。气象部门评判雾霾有自己的标准，环保部门判断空气是否污染还是应该根据空气当中污染物的浓度，不能抬头一看空气能见度不高就说"霾"来了。

　　污染严重的天当然和气象条件有关，但排放污染物是人为的，气象条件是无法改变的。造成污染的根本原因是污染物排放多，一个城市、一个地区，人口总量、经济规模、发展方式一定，排放量就在那里，跟气象条件好不好没关系。只是扩散条件好的时候显现不出来，不好的时候就显现出来了。所以不能天一好就高兴，天一不好就沮丧。你选择了什么样的发展方式就选择了什么样的天空，改善空气质量的根本措施就是转变发展方式。所以，说到底，大家不要跟天较劲，也不要跟数字较劲，还是要跟排放了多少污染物较劲。现在的减排研究太粗放，要在精准减排上下功夫，不能一放全上来，一控都下去。很多地方的污染治理羁绊太多，转型中好像做什么都是"牵一发而动全身"。污染治理要是等到解决了所有问题以后再干，恐怕就太晚了。

　　说到治理雾霾，首先是要真干。不久前，某省启动"铁腕治污"，信誓旦旦，很是让人振奋。作为环保人，我当然表示支持，立马帮忙鼓吹，又是接受采访，又是上当地电视。可几个月下来，网爆"省会污染越来越严重"。真是悔恨之极。网友们说，有决心应该肯定，但不能下结论太早，毕竟污染了多年。于是发了感慨：如果给些时日仍不见效，就应该有个给机构信誉"打折"的机制，一折以下甩卖。那么某省的"铁腕治污"起码应打五折，基本不可信！大家多么期待，每个地方都能真正"树立'绿水青山就是金山银山'的强烈意识，努力走向社会主义生态文明的新时代"。

　　其次要有针对性，时下叫精准。大气污染的主要来源是机动车尾气排放、煤炭燃烧、工业制造、施工扬尘等，总的说都要减，但在不同地方、不同时间是不一样的。有针对性，对一个地区来说，就是既要考虑城市又要考虑农村。污染企业要治理，机动车和油品要改善，施工扬尘要监管。以北方农村而言，冬季采暖大范围使用高硫的劣质煤，再加上焚烧秸秆，空气肯定严重受影响。本来农村环境容量大，可以缓解城市的环境问题，但如果污染"农村包围城市"了，那可就要了命了。现在，很多地方领导的决心、工作力度不能说不大，但治理污染的研究、整改措施还是应该更切合实际一点儿，更有效一点儿，而且这股劲儿得一直保持着。

2013年1月，我曾发过这样一条微博：一年一度空气质量"高峰论坛"，在爆表声的不断高走中拉开帷幕。北京空气质量按年算从未达过标，按天算时好时坏已成定论。但不管如何减排，大家都在跟数据较劲。就像病人高烧，只管看表、换表，不管退烧；看见小偷只喊包丢了，不管抓贼。更有趣的是，小偷也跟着喊，比别人喊得还起劲，警察、小偷扭在一起时，众人帮着小偷。都咋啦？今天，多数人可能知道了其中的玄机。那就一起扭住污染这个盗走我们蓝天的"小偷"，努力减少排放，把原本属于我们的蓝天"夺"回来。

后记：跟"巴松狼王"学习
新闻发言人的道与术

　　2012年，《微薄之力在微博》横空出世，对当时如火如荼的政务微博发展起到了重要的推动作用。如今，"巴松狼王"四年磨一剑，再推力作《微聊环保——新闻发言人网上网下的故事》，为全国领导干部媒介素养教育又增添了优秀的教科书、案例库和工具书。

　　"巴松狼王"是北京市环保局原党委组织部副书记、副局长、巡视员、新闻发言人杜少中的认证微博，拥有473万"粉丝"。他是中国十大官员微博博主，同时也是绿色中国年度人物、中华宝钢环境奖获得者，现任中国传媒大学媒介与公共事务研究院健康与环境传播研究所所长，是全国领导干部媒介素养培训基地最受欢迎的教师之一。

　　这本书的核心是讲述新闻发言人的道与术。杜少中说："道是脑袋，术是耳朵，脑袋掉了，耳朵就挂不住了。新闻发言人和媒体都没有'阴谋'，争取话语权、议程设置权，提出问题，引导讨论，给出结论，这都是'阳谋'。落实公众知情权、参与权，新闻发言人和媒体是博弈中合作的天然盟友。"

　　当前，数字传播技术的飞速发展使得公众对于信息的使用能力和观点表达能力空前发达，政府在传播领域的垄断地位正在被挑战。数亿网民的观点通过网络平台汇聚成江河湖海，"舆情猛于虎"这种似是而非的观点一度流行，使很多地方的政府部门丧失了与公众对话的能力和信心。

　　习近平总书记在党的新闻舆论工作座谈会上强调，领导干部要提高与媒体打交道的能力，政府官员的"媒体观"亟待改进，对于"热点舆论事件"的处置必须从"冷处理—叫停"模式转向"热引导—互动"模式，并在信息供给、态度表达、平台建设、舆论领袖塑造和管理等领域迎头赶上。"冷处理"的成本高，后续成本更高，满足条件门槛也高，"热引导"要求我们全媒体传播技术全面、队伍精干、流程清晰、工具丰富、平台完善。

　　推动这一系列改变的必要前提就是领导干部媒介素养的提升。对于领导干部而言，既要充分尊重媒体在满足人民群众知情权和表达权方面的积极作用，又要深刻地认识到互联网全媒体时代碎片化信息、滚动式舆情、冲动型舆论等的特点。用公权力钳制舆论，最终只会适得其反，甚至酿成巨大的舆论危机，因此需要快速和有智慧地进行积极引导。面对全媒体，要做到正确认识不敌视，积极回应不漠视，主动引导不轻视，实事求是要重视。

习近平总书记在 2016 年 4 月 19 日网络安全和信息化工作座谈会上的讲话中说："各级党政机关和领导干部要学会通过网络走群众路线，经常上网看看，了解群众所思所愿，收集好想法好建议，积极回应网民关切、解疑释惑。""善于运用网络了解民意、开展工作，是新形势下领导干部做好工作的基本功。"因此，各级领导干部要善于使用微博等自媒体平台，充分与公众沟通互动，这是新形势下领导干部必备的基本能力和素养。

"狼王"结合自身工作经历，用一个个鲜活的故事，向我们讲述了全媒体时代的领导干部媒介素养：通过记录，让公众并肩作证；通过展示，让公众随时印证；通过互动，让舆论达成共识。

记录能力一方面是要有在敏感问题或突发事件现场主动邀请有信誉的媒体进入现场进行采访、实录、见证等的能力，另一方面是通过政务微博和个人微博进行实时记录和报道的能力。"狼王"在书中讲了一个案例：在担任北京市环保局副局长期间，接受记者采访后，一般都要求记者发稿前把新闻稿发来核实一下，以免出现事实性错误。自从有了微博，他不再提出这个要求了，因为他自己有微博，记者的稿件一旦出现任何错误，他把采访内容实录放到微博上，真相自然就大白了。

展示能力强调的是讲故事的能力。就像本书的副标题"新闻发言人网上网下的故事"所言，"狼王"是讲故事的专家，全书都是在讲故事。全媒体技术为展示和讲故事提供了多个平台，我们的选择是：媒介平台多元化，形式创新多样化，信息介质多维化，发布策略多边化。除了要依旧重视传统媒体外，更要精心打造自媒体发布平台，包括官方网站、政务微博、微信公众号、微视频网站、网络社区等，鼓励领导干部发挥创造力，用老百姓喜闻乐见的语言讲述深入人心的故事。

互动能力强调的是变被动应对舆情为主动引导舆论，变单向宣传为双向互动，提高议程设置能力。传统媒体时代的传播是"广播式"的单向灌输，不注重受众的需求和传播效果。全媒体时代的传播是"多中心式"的多边互动，人人都有麦克风，人人都是记者，公众前所未有地掌握了话语权，一些民间意见领袖十分活跃，拥有上千万"粉丝"的网络"大V"，其传播影响力不亚于一家省级电视台。因此领导干部一方面要转变传播方式和传播话语，与公众真诚沟通、密切互动，另一方面要善于使用舆论领袖，让专家学者、民间组织等中介力量了解、理解并支持政府工作，让社会达成最广泛的共识。

总之，全媒体新闻发布是一项创新的工作。我们要适应分众化、差异化传播趋势，紧紧围绕同一个事实核心，因应不同受众的接受习惯，发布多种文风的不同版本；要充分结合媒体融合特点，主动借助微博等新媒体平台为新闻发布服务；要通过与网民的深度互动，增强话语权，讲好中国故事。

董关鹏　教授
中国公共关系协会副会长
全国领导干部媒介素养培训基地主任
中国传媒大学媒介与公共事务研究院院长

推荐语

　　少中同志长期在环保部门担负领导工作，又作为新闻发言人多年活跃在环保信息的新闻发布平台上。办事认真，讲话务实，敢于亮剑，善于引导，是他的上级和同事对他的评价。"巴松狼王"驰骋和搏杀在微博世界里，他思想敏锐，勇猛异常，大胆直言，诙谐幽默，又给人们留下深刻的"大 V"印象，赢得了众多"粉丝"。读了这本书让人耳目一新，让人懂得环保工作无法"毕其功于一役"，不能像攻坚"打围城"那样短期就见效。除了在工作中有态度、有方法、有耐心之外，关键还要有坚定的信念和义不容辞的责任感，相信经过矢志不渝的坚持和努力，包括像少中同志这样持之以恒的大声疾呼，我们会把环保这一关系国计民生的事情办好。这，是最重要的。

　　相信读一读少中同志结集出版的这本书，一定会有所感悟，有所收获。

——王国庆

全国政协外事委员会副主任

国务院新闻办公室原副主任

　　一只"善说"的狼王叫巴松。"巴松狼王"之所以盛名远播，首先在于其凶悍异常，敢与破坏环保的谬论血战厮杀，且剥皮抽筋，敲骨吸髓，直咬得其余孽望风披靡。可这只"才狼"还拥有温柔的软心肠。在一次精神文明建设会上，他把内容做成了"三明治"，形容此会为"同修仁德，济世养生"，强调"人心坏了，啥好事也办不成"，于是一扫官话套话和无用之废话，使正能量得到远播。"狼王"集血性与专业于一身，是出了名的环保专家，对绿色法典烂熟于心，说出话来，法来法去法言语，法思法想法规矩，充满真知灼见，因而一声仰天长啸，足以使野狼闻风丧胆。"狼王"还有童趣的一面，喜故国神游，爱名山大川，时有生态博文与朋友共享，其乐融融。"狼王"如此有才，奥妙何在？可谓善于"换句话说"，"人说"换成"狼说"，正说变为反说，大道理变成小道理，大原则变为小实例，强行灌输变为循循善诱，理性要求变为潜移默化的渗透，干巴巴的说教变为生动形象的解说。至大者至微，至坚者至柔，用时髦的话说，就是善于对传统的话语体系进行"再编码"，巧妙使用即时传播、在场传播、多媒体传播，让人听得进、记得住、传得开，并且接地气、暖人心。"狼王"第二部著作《微聊环保——新闻发言人网上网下的故事》充满了这种正能量，让我们都来为"铁肩担道义，辣手著文章"的"巴松狼王"点赞喝彩。

——武和平
公安部原新闻发言人

少中兄长我两岁，心态却小我很多。想来可能与他的名字有关，非少即中，永远不老。微博刚兴起那会儿，人们都说是年轻人玩儿的东西，官员们更是避之不及，可少中兄却像是孩子发现了新玩具，热衷程度可以用痴迷形容，给自己起的微博名也跟电子游戏里的人物似的："巴松狼王"。在他神采飞扬、滔滔不绝地给我讲用微博与网友沟通的故事时，我认为他的兴奋不会持续太久。6年过去了，他用坚守证明了我判断的错误。他不仅微博用得如鱼得水，深受网友喜爱，而且痴迷于微博研究，书写了一本又一本。更戏剧性的是，我竟然成了他的追随者，跟着他走进微博世界，自然也是他新书的捧读者。

——王惠
北京市政府原新闻发言人

苏东坡感慨"惟江上之清风，与山间之明月"，"吾与子之所共适"，道出环境共治共享的理念。"狼王"的微聊环保，抒发公民生态觉悟，也表现出官员的责任担当。

——祝华新
人民网舆情监测室秘书长

图书在版编目（CIP）数据

微聊环保：新闻发言人网上网下的故事 / 杜少中著 . —北京：中国人民
大学出版社，2016.12
　　ISBN 978-7-300-23703-9

　　Ⅰ.①微… Ⅱ.①杜… Ⅲ.①环境保护-中国-文集 Ⅳ.①X-12

　　中国版本图书馆 CIP 数据核字（2016）第 289925 号

微 聊 环 保
新闻发言人网上网下的故事
杜少中　著
Weiliao Huanbao

出版发行	中国人民大学出版社		
社　　址	北京中关村大街 31 号	**邮政编码**	100080
电　　话	010 - 62511242（总编室）	010 - 62511770（质管部）	
	010 - 82501766（邮购部）	010 - 62514148（门市部）	
	010 - 62515195（发行公司）	010 - 62515275（盗版举报）	
网　　址	http://www.crup.com.cn		
	http://www.ttrnet.com（人大教研网）		
经　　销	新华书店		
印　　刷	北京中印联印务有限公司		
规　　格	172 mm×242 mm　16 开本	**版　　次**	2017 年 1 月第 1 版
印　　张	14 插页 4	**印　　次**	2017 年 1 月第 1 次印刷
字　　数	240 000	**定　　价**	42.00 元

版权所有　侵权必究　印装差错　负责调换